Armando Martínez Rodríguez
Gilberto Quevedo Sotolongo

Modelación estocástica de problemas de Ingeniería Geotécnica

Armando Martínez Rodríguez
Gilberto Quevedo Sotolongo

Modelación estocástica de problemas de Ingeniería Geotécnica

Aplicación a suelos cohesivos y friccionales

Editorial Académica Española

Imprint

Any brand names and product names mentioned in this book are subject to trademark, brand or patent protection and are trademarks or registered trademarks of their respective holders. The use of brand names, product names, common names, trade names, product descriptions etc. even without a particular marking in this work is in no way to be construed to mean that such names may be regarded as unrestricted in respect of trademark and brand protection legislation and could thus be used by anyone.

Cover image: www.ingimage.com

Publisher:
Editorial Académica Española
is a trademark of
International Book Market Service Ltd., member of OmniScriptum Publishing Group
17 Meldrum Street, Beau Bassin 71504, Mauritius
Printed at: see last page
ISBN: 978-620-0-40783-2

Índice.

Introducción.

El auge acelerado de los recursos y las técnicas computacionales han permitido procesar gran cantidad de datos en breves períodos de tiempo, esto ha venido ocurriendo a la par con una disminución, por diversas razones, de los recursos económicos con que se cuentan para abordar estos problemas, obligando al investigador a ofrecer garantías cuantitativas que sirvan para evaluar el riesgo de la estructura a través de un índice de fiabilidad, tanto para los componentes de la obra así como para el modelo empleado. De aquí que actualmente se desarrollen un conjunto de investigaciones encaminadas a evacuar satisfactoriamente estas invariantes, de modo que se obtenga como resultado un comportamiento lo más cercano posible a lo que ocurre en la realidad.

La solución a este problema se halla al alcance de las manos de los investigadores y se basa en el uso de métodos de simulación en los cuales se haga empleo de procesos empíricos de modelación, añadiendo una componente heurística basada en la experiencia práctica. Estos métodos a los cuales se hace referencia son los llamados métodos de simulación probabilística y se fundamentan en la hipótesis de que las variables empleadas por los modelos son independientes y consideradas como aleatorias. El Método más usado para este fin es el Método de Monte Carlo, terminología empleada a cualquier técnica que use números aleatorios, el mismo tiene gran aplicación en la simulación de muchos fenómenos y en usos tales como el muestreo estadístico, análisis numérico, programación de ordenadores y toma de decisiones.

La generación de variables aleatorias, ocupa un lugar importante en las aplicaciones modernas de la Teoría de Probabilidades, específicamente en aquellas situaciones en que se requiere conocer el comportamiento estocástico de un sistema por medio de simulación intensa por ordenador. El objetivo de la generación es obtener una muestra sintética (es decir, artificial) de valores de una variable, cuya función de densidad empírica se ajuste lo más fielmente posible a la dada como modelo probabilista de la misma. Este tipo de modelación ha sido aplicada por escasos investigadores a diversas ramas de la ingeniería, obteniéndose resultados altamente gratificantes en cuanto a la comparación del modelo propuesto con la ocurrencia del fenómeno en la práctica.

La ingeniería Geotécnica no ha quedado atrás en este sentido, trabajos encaminados al uso de métodos de simulación probabilística se han desarrollado en la evaluación de falla de taludes, análisis de riesgos debido a la ocurrencia de sismos, diseños de uniones estructurales, entre otros, quedando algunas materias prestas a implementar dichos procedimientos estocásticos.

Por otra parte, tanto a escala internacional como en nuestro país, se han desarrollado en los últimos años numerosas investigaciones encaminadas al estudio de la seguridad de las obras, aplicándose métodos probabilísticos de diseño que permiten, a partir de la definición de las variables aleatorias que se consideren en el problema en cuestión y estableciendo el aparato matemático correspondiente, definir la seguridad obtenida en el diseño de manera más real y exacta que en los métodos utilizados anteriormente. Particularmente, en el diseño de problemas geotécnicos, se han abordado en las últimas décadas gran cantidad de trabajos que hacen uso de estos métodos, cuestión que generó como primer elemento la introducción del Método de los Estados Límites y posteriormente, basado en este, la introducción de la Teoría de la Seguridad en el diseño, con la cual se garantiza un respaldo estadístico y probabilista de todo el proceso. Todos estos aspectos contribuyeron a la elaboración de la primera propuesta de Norma Cubana para el diseño de cimentaciones en 1989, quedando aprobada la misma y estando vigente actualmente.

Independientemente a la convergencia en cuanto al uso de métodos matemáticos afines para la solución, ya sea del problema de la modelación así como del problema de diseño, no se han encontrado trabajos que logren relacionar estas dos etapas de la ingeniería, donde se pueda obtener, partiendo de una definición y caracterización estadística correcta de cada una de las variables que inciden en dicho problema, una respuesta aleatoria de las mismas, la cual sería usada posteriormente en el análisis de la seguridad de la estructura quedando establecida de este modo una metodología para una verdadera modelación estocástica vinculada al análisis de seguridad.

La modelación estocástica de cualquier problema está asociada, como puede deducirse, al empleo en ella del método de Monte Carlo, el cual como se ha explicado transforma la distribución estadística de cada variable considerada aleatoria, en un número de valores puntuales de la misma que representen de igual forma su variabilidad, sin embargo, esta generación requiere de un procesamiento de gran cantidad de datos a fin de obtener un resultado confiable, factor que desfavorece el estudio de muchos problemas debido al alto costo computacional que representa desarrollar cada uno de ellos, si a esto se le adiciona el procedimiento de análisis de seguridad, resulta inevitable concluir que para lograr un diseño real, homologado y eficiente es preciso relacionar ambas materias en una metodología general que pueda ser evacuada en el menor tiempo posible, quedando establecidas así las bases para la formulación del problema de la presente investigación.

Capítulo 1. Estado del Arte

1.1 La Seguridad en el Diseño Estructural.

La seguridad estructural puede entenderse como la certeza de que una estructura nunca colapsará debido a la acción de cierta combinación de cargas (Grupo de trabajo 4/5 de ACHE, 2003), la mayoría de los autores coinciden en que este punto es, unido a la durabilidad y la economía, uno de los objetivos fundamentales del diseño ingenieril (Quevedo, 2002).

Desde sus inicios, este concepto ha estado estrechamente relacionado con el factor económico, inducido esto, por cambios socio políticos que tuvieron lugar en la década del 40, particularmente, el fin de la segunda guerra mundial, suceso que generó una proliferación acelerada de tecnología así como de materiales que acompañaban el auge constructivo de la época (Phoon, 1995).

De aquí surge la denominada "Teoría de la seguridad estructural", esta evoluciona rápidamente y específicamente en la ingeniería geotécnica, se observa una tendencia a la adopción de métodos más racionales para enfocar la misma, ya que garantizando un adecuado control de la seguridad en el diseño, se disminuye el alto costo de reparación asociado al fallo de las estructuras (Phoon, 1995; Quevedo, 2002; González, 1997).

Tal es así que se desarrollan códigos como el SNIP en 1983, el Ontario Highway Bridge Design Code y el Danish Code of Practice for Foundation Engineering (Phoon, 1995; González, 1997; Quevedo, 2002), comprobándose que la seguridad de la estructura depende de los costos asociados a la misma y es que precisamente estos, forman parte de la misma, de aquí que para realizar un análisis completo en cuanto a economía es preciso establecer un equilibrio en el incremento de tales costos con el aumento de la seguridad, frente a las pérdidas que podrían resultar de una construcción deficiente y en la cual se pudiera producir el fallo con relativa premura (González, 1997), esto se ilustra claramente en la figura 1.1.

En el caso particular de las cimentaciones, existe un mayor número de aproximaciones e incertidumbres comparado con el resto de las estructuras, esto se debe a la complejidad del comportamiento del terreno así como al conocimiento incompleto de las condiciones del subsuelo, variables que anteriormente y en el transcurso de los años se han tratado como exactas, lo cual induce un error considerable en la respuesta final del diseño (Quevedo, 2002).

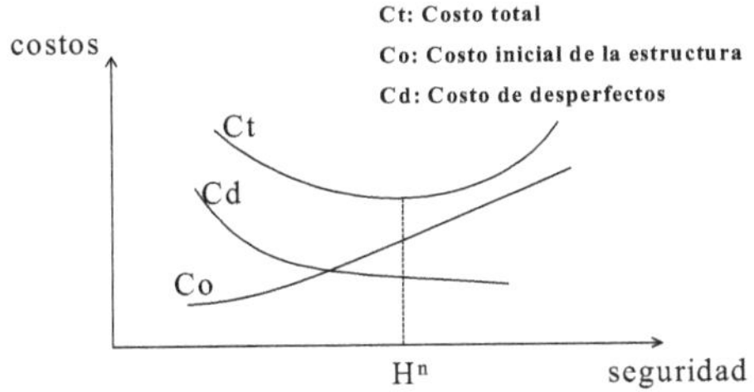

Figura 1.1.- Relación Nivel de Seguridad vs. Costos

Puede plantearse, en resumen, que la seguridad estructural depende además, de la vida útil y del conocimiento de las situaciones de riesgo a que puede estar sometida la estructura para que su comportamiento sea el adecuado, siendo la fiabilidad de una estructura la probabilidad de que la misma cumpla con su función, durante un periodo de tiempo determinado y en determinadas condiciones (Grupo de trabajo 4/5 de ACHE, 2003).

1.2 Métodos de Diseño y Seguridad en la Ingeniería Geotécnica.

Los métodos de diseño geotécnico han sido, históricamente, objeto de cambios en su concepción, por supuesto que estos cambios han estado a favor de lograr un diseño mucho más económico y con un nivel adecuado de seguridad, de ahí que estos partan de un primer método denominado: el Método de la Tensiones Admisibles, este método estuvo muy ligado al empleo de modelos lineales y elásticos del material, toda la seguridad en el diseño se introduce al definir el esfuerzo admisible, el cual es siempre un valor muy pequeño, lejos de la falla y que garantice un comportamiento lineal. Luego aparece el Método del Factor de Seguridad Global, en el cual se introduce la seguridad a través de un coeficiente llamado: coeficiente de seguridad global K, cuya función es tomar todas las incertidumbres en el diseño y se plantea que debe ser un valor alto para alejar el estado tensional de trabajo del estado donde ocurre la falla. (Quevedo, 2002; González, 1997; Álvarez, 1998; Oliva, 1999; Ibáñez, 2001).

Estos métodos considerados de acuerdo a la clasificación hecha por Phoon (1995) como No-Probabilistas y dado por las deficiencias que los mismos presentan, conducen al surgimiento de novedosos métodos de diseño estructural, los cuales, debido a su formulación matemática se han clasificado de acuerdo a Phoon (1995) y Quevedo (2002) en Métodos Semi-Probabilistas y Métodos Probabilistas de diseño ó según el Código Español en niveles que representan el grado de complejidad para abordar estos problemas, cada uno de los cuales comprende un grupo de los tipos de métodos mencionados (Eurocódigo 7, 1999).

1.2.1 Métodos Semi - Probabilísticos.

En este tipo de clasificación y dando continuidad a la evolución histórica de los métodos de diseño geotécnico, encontramos a el Método de los Estados Límites, el cual representa el método más novedoso en el diseño estructural, a pesar de que según Quevedo (2002), la introducción del mismo se plantea que ha sido lenta en el campo de la geotecnia, este constituye el método de diseño vigente en la mayoría de los países con alto desarrollo en esta temática, como es el caso de Cuba.

El surgimiento del método de los Estados Límites y en particular, aplicado al diseño de las cimentaciones, data de la década de los 60, sin embargo no es hasta las dos últimas décadas que este método haya despertado el interés y discusión de varios investigadores y profesionales dedicados a la geotecnia (Phoon, 1995, Eurocódigo 7, 1999; González, 1997; Becker, 1996). En nuestro país afloran los trabajos relacionados con la aplicación de los estados límites al diseño de cimentaciones a finales de la década de los 80 (Quevedo, 1987), experimentándose un crecimiento vertiginoso en este tipo de investigaciones (González, 1997, Álvarez, 1998; Oliva, 1999; Ibáñez, 2001), lo cual ha permitido establecer los fundamentos teóricos para la introducción general del método en el campo de la geotecnia.

Los Estados Límites se han definido según Phoon (1995) y Quevedo (2002), como las condiciones bajo las cuales una estructura o parte de ella no puede llegar a cumplir las funciones para las cuales fue proyectada. En ninguna circunstancia una estructura, o parte de ella, deberá llegar a la falla para satisfacer uno de los criterios de diseño, de ocurrir esto se dirá que la estructura ha llegado a su estado límite, de aquí que se definan en este, dos condiciones límites de diseño:

1er Estado Límite: Estado en que se diseña para lograr la resistencia y estabilidad de la estructura, con los valores de cálculo. La ecuación que rige el diseño del 1er Estado Límite es:

$$Y_1^* \leq \frac{Y_2^*}{\gamma_s} \qquad [1.1]$$

Donde:

    Y_1^* - Función de las cargas actuantes con sus valores de cálculo

    Y_2^* - Función de las cargas resistentes con su valor de cálculo.

γ_s - Coeficiente de seguridad adicional, que depende de las condiciones de trabajo generales de la obra y el tipo de fallo.

2do Estado Límite: Estado que garantiza el servicio y utilización de la estructura, se chequean factores como la deformación y la fisuración de la misma, para los valores reales de servicio.

A este método también se le conoce como el Método de los Coeficientes Parciales (Orr y Farrell, 1999), pues su filosofía se basa en la introducción de la seguridad, no a través de un coeficiente global, como en el método del factor de seguridad global, sino con la utilización de varios coeficientes parciales, unos aplicados a las cargas actuantes, otros aplicados a las propiedades resistentes de los materiales y en algunos casos un tercer coeficiente que toma en cuenta aspectos que no pueden ser evaluados matemáticamente, como la importancia la de la obra, las condiciones de trabajo, etc. Esta variante también es la empleada por los países de Europa Oriental (SNIP, 1962; SNIP, 1975; SNIP, 1984) y está presente en la norma vigente de diseño en Cuba. En este, cada variable se define mediante un único valor, denominado valor nominal, que puede ser un valor medio, un cierto cuartil, un valor característico, etc., en dependencia del enfoque de solución dado al problema. Con este valor y utilizando los coeficientes parciales de seguridad se determina el valor de cálculo. Finalmente, a partir de los valores de cálculo de las distintas variables, se evalúan las solicitaciones y la capacidad de carga, realizándose la comprobación del estado límite correspondiente.

El Método de los Estados Límites es considerado un método semi-probabilístico, ya que se aplica de forma independiente a las dos principales variables aleatorias que intervienen en el diseño, las cargas y la capacidad resistente del elemento, esto puede ser factible desde el punto de vista práctico pero no es representativo de un problema, donde ambas variables inciden en una misma ecuación de diseño, de aquí que en la actualidad se haya transitado al empleo de métodos probabilísticos, al menos en términos de investigación, debido a lo complejo de su implementación.(Quevedo, 2002)

1.2.2 Métodos Probabilísticos. Teoría de la Seguridad.

Los métodos probabilísticos surgen a principios de los 50, aunque estas investigaciones, altamente teóricas, han podido ser aplicadas solo a partir de la década del 90 por razones evidentes. Se le atribuyen los primeros méritos en estas investigaciones a Rshchantsin, el cual es el autor de la mayoría de estos trabajos, teniendo estos una amplia aplicación en nuestros días, sobre todo en los países más desarrollados. Estos métodos desafortunadamente no habían podido ser empleados como procedimientos de diseño, sí con el objetivo de calibrar los coeficientes de seguridad que se utilizan en el diseño por estados límites. (Meyerhof, 1984, Becker, 1996; Quevedo, 2002). Solo han sido reportadas algunas investigaciones que han tratado de utilizar estos métodos directamente en el diseño de problemas específicos, dentro de la geotecnia (Marinilli, 1997), pero las mismas han demostrado su imposibilidad de aplicación práctica en el actual desarrollo de la ingeniería de proyecto.

1.2.2.1 Concepción general de los métodos probabilísticos.

Tomando como punto de partida la deficiencia que presentan los métodos anteriormente estudiados en cuanto al análisis independiente de las variables que inciden en el problema, puede afirmarse que ahora estas variables, consideradas aleatorias para el diseño, son valoradas en su conjunto, así como su influencia dentro de la seguridad del mismo, generando esto una mayor exactitud a la hora de evaluar este parámetro, aunque esto conlleva a un incremento notable en la complejidad del problema. Estas variables pueden ser caracterizadas estadísticamente gracias al elevado volumen de información que existe al respecto, siendo las cargas actuantes y las propiedades de los materiales que intervienen en el diseño, quienes son consideradas como aleatorias por gran cantidad de autores. (Becker, 1996, Meyerhof, 1984; Quevedo, 2002).

Existen, según Grupo de trabajo 4/5 de ACHE (2003), dos tipos de métodos probabilísticos, un primer grupo considerado como aproximado, dado por que en estos se supone el tipo de distribución de probabilidad para las distintas variables, de las que se introducen normalmente dos valores: la media y la desviación típica, este tipo de métodos se utiliza en la calibración de las normativas de proyecto estructural, y otro grupo denominado métodos probabilísticos "exactos", en los que se introducen las funciones de distribución reales de cada una de las variables, aquí las probabilidades de fallo obtenidas son utilizadas en un contexto más amplio que en las anteriores fases y su calidad será función de los datos introducidos para las variables. Este último resulta ser el de mayor aplicación en las investigaciones recientes debido a su superioridad con respecto al anterior.

En las condiciones de diseño que consideran estos métodos no se realiza una comparación entre las funciones de esfuerzos actuantes y esfuerzos resistentes, sino que se valora la seguridad introducida con respecto a la seguridad requerida a través de procedimientos probabilísticos, partiendo de dos parámetros, el índice de relatividad β (Becker, 1996; Quevedo, 2002; Grupo de trabajo 4/5 de ACHE, 2003) o el nivel de seguridad H (Ermolaev y Klemiatsionok., 1975; Ermolaev y Klemiatsionok., 1976; Ermolaev y Klemiatsionok., 1977; Quevedo, 2002), siendo las ecuaciones de diseño para los dos enfoques anteriores las siguientes:

$$\beta_{diseño} \geq \beta_{requerido} \qquad [1.2]$$

$$H_{diseño} \geq H_{requerido} \qquad [1.3]$$

Tanto el índice de relatividad como el nivel de seguridad son parámetros que tienen bases probabilísticas para su determinación y valoran la seguridad en el diseño a partir de una única ecuación donde intervienen todas las variables que son consideradas aleatorias, partiendo para ello de la caracterización estadística de la función resultante Y, definida como:

$$Y = Y_2 - Y_1 \qquad [1.4]$$

La utilización directa de estos métodos implicaría la obtención de diseños con igual seguridad, lo que sin duda es una concepción mucho más correcta que la utilizada por el MEA, el MFSG e incluso por el MEL, donde lo que se trata es que los diseños tengan similares coeficientes de seguridad, cuando en realidad estos pueden requerir valores diferentes de dichos coeficientes en función de la variabilidad de los parámetros considerados en dichos diseños. Por otra parte se plantea en la literatura que el enfoque que emplea el índice de relatividad tiene menos significado físico ya que su valor no permite directamente inferir ninguna medida de seguridad, no ocurriendo así con el enfoque que emplea el concepto de nivel de seguridad H.(Quevedo, 2002; Quevedo y Recarey, 2005)

1.2.2.2 Bases matemáticas de los métodos probabilísticos.

Inicialmente resulta interesante, para comprender la formulación matemática de estos métodos, analizar el significado de los términos β y H dentro del mismo proceso, la figura 1.2 muestra esta relación, para una distribución normal de la variable Y. (Ermolaev y Klemiatsionok., 1975; Quevedo, 2002).

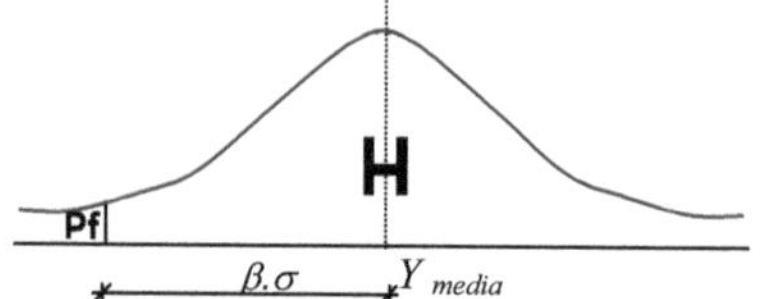

Figura 1.2. Curva de distribución de la variable Y.

La relación matemática existente entre los términos: índice de relatividad β, nivel de seguridad H y probabilidad de fallo Pf, es factible de emplear, luego, si se define uno de estos términos, los restantes quedarán posteriormente definidos

De aquí que conociendo que:

$$P_f = 1 - H \qquad [1.5]$$

$$P_f = \phi_n(-\beta) \qquad [1.6]$$

$$\beta = \frac{Y_{media}}{\sigma_Y} \qquad [1.7]$$

y estableciendo que el nivel de seguridad queda determinado a partir de evaluar la integral de la función de Laplace φn entre -β y +∞ , además, considerando la simetría de la distribución normal y conociendo que la $\phi_n(0, +\infty)$ es igual a 0.5, se puede definir a H como:

$$H = 0.5 + \phi_n[\beta] \qquad [1.8]$$

$$\sigma_Y = \sqrt{\sigma_{Y1}^2 + \sigma_{Y2}^2} \qquad [1.9]$$

Donde:

$\sigma_Y, \sigma_{Y1}, \sigma_{Y2}$ son las Desviaciones de las funciones Y, Y_1, Y_2 y ϕ_n es la Función de Laplace.

Pudiéndose obtener fácilmente la expresión de β:

$$\beta = \frac{Y_{2media} - Y_{1media}}{\sqrt{\sigma_{Y1}^2 + \sigma_{Y2}^2}} \qquad [1.10]$$

De manera análoga y haciendo énfasis en el segundo enfoque por las razones anteriormente expuestas puede obtenerse el nivel de seguridad H sustituyendo en [1.9] las ecuaciones [1.4] y [1.10], obteniéndose este parámetro en función de los valores medios y las desviaciones que caracterizan a Y_1 y Y_2.

$$H = 0.5 + \phi_n\left[\frac{Y_2 - Y_1}{\sqrt{\sigma y_1^2 + \sigma y_2^2}}\right] \qquad [1.11]$$

Donde: Y_1 - Valor medio de la función de las cargas actuantes.

Y_2 - Valor medio de la función de las cargas resistentes.

Para poder aplicar estos métodos resulta necesario caracterizar estadísticamente la función Y, lo que en dependencia de la complejidad de las funciones que la componen, Y_1 y Y_2, puede resultar más o menos dificultoso, utilizándose en la práctica procedimientos como: el Método de Montecarlo, el Método de Rosenblueth o el Método de desarrollo en serie de Taylor. (Blazquez, 1984; Quevedo, 1987).

Del análisis realizado sobre los métodos probabilísticos, se hace evidente que deberán ser aplicados a partir de definir una metodología general para ello y empleando la caracterización estadística de los parámetros de los suelos y las cargas de nuestro país, con el objetivo de obtener los sistemas de coeficientes de seguridad a utilizar en los distintos diseños geotécnicos por estados límites, estos coeficientes como paso final, deberán ser calibrados, debido a que precisamente esta calibración es la que permite que este tipo de método pueda ser utilizado en los diseños por estados límites. (Quevedo, 2002; Grupo de trabajo 4/5 de ACHE, 2003)

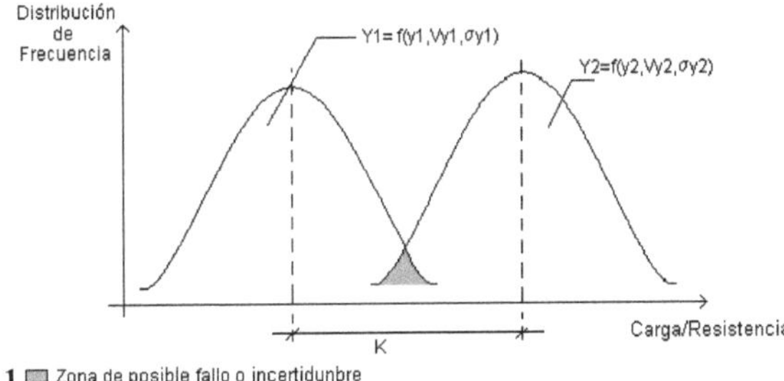

Figura 1.3 Curvas de distribución de frecuencia de las cargas aplicadas y de la resistencia.

Existen, concretamente, distintos enfoque seguidos a la hora de calibrar los coeficientes de seguridad utilizados en el MFSG o el MEL. En este sentido se reconocen tres procedimientos generales (Eurocódigo 7, 1999).

- Calibración de los coeficientes parciales a utilizar en el MEL, por métodos no probabilísticos, a partir de su comparación con el K obtenido por el MFSG.
- Calibración de los coeficientes parciales o coeficiente global a utilizar en los MEL o MFSG respectivamente, por métodos probabilísticos aproximados.
- Calibración de los coeficientes parciales o coeficiente global a utilizar en los MEL o MFSG respectivamente, por métodos probabilísticos exactos.

El primero (Baikie, 1998), establece la determinación de los coeficientes de seguridad global que se introducen en los diseños por estados límites y su comparación con los valores que tradicionalmente han sido utilizados en el MFSG, tratando de calibrar de forma empírica los coeficientes parciales para que no se obtengan diseños irracionales, correspondientes a valores de K muy elevados y superiores a los empleados con anterioridad. La base matemática del método se fundamenta en la obtención de la relación existente entre el coeficiente de seguridad global K y los coeficientes parciales utilizados en el MEL, lo cual puede apreciarse en la figura 1.4. A la hora de definir el K que se introduce al aplicar el MEL hay que especificar bien, de que forma se mide este, pudiendo existir desde el punto de vista teórico, cuatro posibilidades, cuando se determine el *Kmm*, que es el verdadero factor de seguridad introducido, medido entre los valores medios de las funciones Y_1 y Y_2 ; cuando se determine el K_{km}, medido entre los valores Y_{1k} y Y_2; el K_{mk}, establecido entre los valores Y_{1m} y Y_{2k}, y al obtenerse el K_{kk}, medido entre los valores Y_{1k} y Y_{2k}.

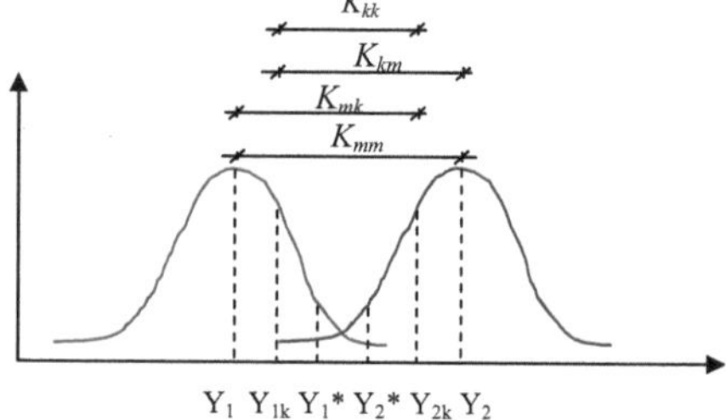

Figura 1.4 Distintas formas de determinar K.

El segundo de los procedimientos utiliza métodos probabilísticos de menos rigor (Becker, 1996; Quevedo, 2002), en este se recomienda inicialmente realizar lo planteado en el primer procedimiento, obtener los valores de los coeficientes de seguridad parciales y el global, posteriormente aplicar métodos probabilísticos para obtener la relación entre el K y el nivel de seguridad o índice de relatividad de diseño y a partir de aquí fijar los valores de βrequerido o Hrequerido para luego determinar los valores de los Krequeridos, conocido también como coeficiente de seguridad óptimo ó Kóptimo, comparar estos valores con los Kdiseño obtenidos inicialmente, ocurriendo generalmente que los primeros son superiores que los óptimos o requeridos (Quevedo, 2002). La diferencia entre estos métodos está dada por la metodología que se utilice, de aquí que algunos autores hayan llegado a resultados poco prácticos (Quevedo, 2002), una de estas metodologías y para el caso que concierne a este trabajo es la ideal a aplicarse, resulta ser la dada por Quevedo (2002), la cual se encuentra altamente detallada en la bibliografía.

1.3 Relación entre los coeficientes parciales del MEL y el factor de seguridad global del MFSG.

Determinar el coeficiente de seguridad global K, se hace necesario cuando se procede a la calibración de los coeficientes de seguridad a utilizar por el MEL. La relación entre dichos coeficientes parciales y el global, así como su obtención, puede verse en la figura 1.5.

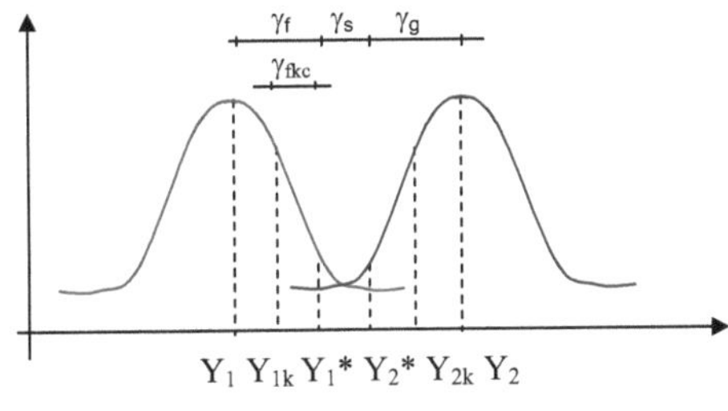

Figura 1.5 Relación entre las funciones Y_1, Y_{1k}, Y_1^*, Y_2^*, Y_{2k} y Y_2 y los coeficientes parciales.

$$Y_1^* = \frac{Y_2^*}{\gamma_s} \qquad [1.12]$$

$$K = \frac{Y_2}{Y_1} \qquad [1.13]$$

$$K = \frac{Y_2^* \cdot \gamma_g}{\dfrac{Y_1^*}{\gamma_f}} \quad \Longrightarrow \quad K = \frac{Y_2^* \cdot \gamma_g}{\dfrac{Y_2^*}{\gamma_s} \cdot \dfrac{1}{\gamma_f}}$$

$$K = \gamma_f \cdot \gamma_g \cdot \gamma_s \qquad [1.14]$$

Como puede verse en la expresión 1.14, la obtención del factor de seguridad global K se efectúa a través de la multiplicación de los coeficientes parciales, conjuntamente al análisis anterior, es necesario definir la relación entre el nivel de seguridad H ó β y el factor de seguridad global.

1.4 Relación entre el nivel de seguridad H y el coeficiente de seguridad global K.

Como se ha planteado, este procedimiento solo puede ser usado en la práctica para la calibración de los coeficientes de seguridad introducidos en el diseño, siendo evidente que para este propósito se necesita establecer la relación entre el nivel de seguridad de diseño H y el coeficiente de seguridad global introducido K, medido este, entre los valores medios de Y_1 y Y_2.

Para ello debemos recordar la forma de determinar K y el coeficiente de variación y de una función.

$$K = \frac{Y_2}{Y_1} \qquad [1.15] \qquad\qquad \upsilon_{Y_{1,2}} = \frac{\sigma_{Y1,2}}{Y_{1,2}} \qquad [1.16]$$

Donde: $\upsilon_{Y1,2}$ - Coeficiente de variación de las funciones Y_1 y Y_2 respectivamente.

σ_{Y1} - Desviación de las funciones Y_1 y Y_2 respectivamente.

$Y_{1,2}$ - Valor medio de las funciones Y_1 y Y_2 respectivamente.

Luego de una serie de transformaciones matemáticas a la ecuación 1.11 y con el objetivo de establecer la relación buscada entre H y K, se obtiene:

$$H = 0.5 + \phi_n \left[\frac{k-1}{\sqrt{vY_1^2 + k^2 vY_2^2}} \right] \qquad [1.17]$$

La ecuación anterior establece la relación entre el coeficiente de seguridad global K y el nivel de seguridad obtenido en el diseño (H), y según Quevedo (2002), será la ecuación básica para la aplicación de la teoría de seguridad, ya que con el nivel de seguridad inicialmente definido se puede determinar el coeficiente de seguridad óptimo $K_{óptimo}$, que debe ser empleado en el diseño, la figura 2.7 muestra gráficamente esta relación.

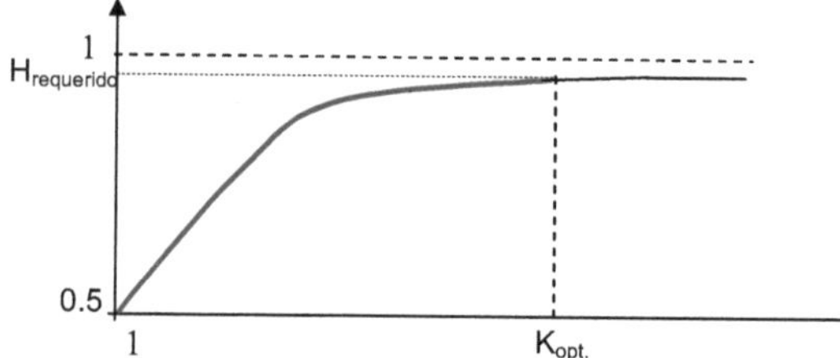

Figura 1.6 Relación entre el nivel de seguridad H y el coeficiente de seguridad global K.

Resulta interesante comentar que cuando se utiliza un coeficiente de seguridad global K=1, el nivel de seguridad obtenido es 0.5, esto significa que la estructura tiene la misma probabilidad de fallar o no fallar, lo cual es totalmente lógico ya que en realidad no se ha introducido ningún coeficiente de seguridad. Por otra parte, en la medida en que aumenta el valor de K, se observa inicialmente, que crece con rapidez el valor del nivel de seguridad, pero posteriormente este crecimiento disminuye y a partir de un cierto valor es prácticamente insignificante este crecimiento ya que la función se hace asintótica en la unidad, lo cual sería teóricamente la seguridad absoluta, sin embargo, para que esto ocurra es preciso que la función de Laplace tome el valor de 0.5, debiendo su argumento tomar el valor ∞ y para que su argumento sea infinito debe valer cero el radical del denominador, cuestión que solo es posible cuando los coeficientes de variación de las funciones Y_1 y Y_2 son cero, lo cual no tiene sentido en los problemas ingenieriles, pues tanto las cargas actuantes, como los parámetros del suelo que definen a Y_2, son funciones aleatorias y siempre varían.

Similar relación puede obtenerse para el caso del nivel de confiabilidad β, aunque en este trabajo se ha decidido enfocar el estudio al caso del nivel de seguridad H por las razones anteriormente expuestas. Sí se plantea que para lograr una correcta y eficiente aplicación de este tipo de métodos a la solución de problemas de ingeniería geotécnica, independientemente de la aplicación de una metodología audaz como la propuesta en Quevedo (2002), sería necesario una modelación del problema también por vías probabilísticas, de manera que como resultado de esta suma se obtenga una respuesta mucho más acertada debido a la unicidad de criterios de diseño y modelación, lo cual no ha sucedido hasta el momento en la práctica ingenieril y en esto se ha centrado la investigación.

1.5 La Modelación de problemas de Ingeniería Geotécnica.

Existe coincidencia en cuanto a criterios de varios autores en que modelar es la parte más importante de una investigación y aunque no constituye una metodología rígida sino un proceso flexible, el éxito del mismo se adquiere con la práctica ingenieril (Jiménez, 1981; Melli, 1986; Quevedo, 2002). Otros autores definen este concepto como "*simplificar o reducir el medio real a uno físico en el cual sea posible aplicar las ecuaciones constitutivas que gobiernan el problema*" (Jiménez, 1981). Además se afirma que la modelación es el método de manejo práctico o teórico de un sistema, por medio del cual se estudiará este, pero no como tal, sino por medio de un sistema auxiliar, natural o artificial, el cual, desde el punto de vista de los intereses plateados, concuerda con el sistema real que se estudie.

En la ingeniería Geotécnica es evidente que se hace necesario llevar a cabo la modelación de problemas debido a lo complejo de los mismo, muchos autores han tratado de establecer diferentes esquemas para tratar de explicar este proceso, algunos generales (Sower, 1975; Melli, 1986), y otros particulares para el caso de problemas geotécnicos (Meyerhof, 1984; Becker, 1996), donde los análisis son mucho más complejos dada la heterogeneidad de los suelos y lo difícil que resulta contar con resultados representativos en sus condiciones naturales. En todos se trata de estudiar el problema a partir de subdividirlo en diferentes aspectos, normalmente, en el estudio del comportamiento de los materiales, las cargas y el esquema de la estructura o el terreno, que puedan a su vez ser evaluados por modelos más simples en cuanto a su comportamiento. Un adecuado análisis en este sentido se plantea en Quevedo (1995), aquí se resumen cada una de las temáticas que inciden en la modelación de cualquier problema ingenieril, por lo que resulta importante detallar algunos elementos del mismo (Véase figura 1.7).

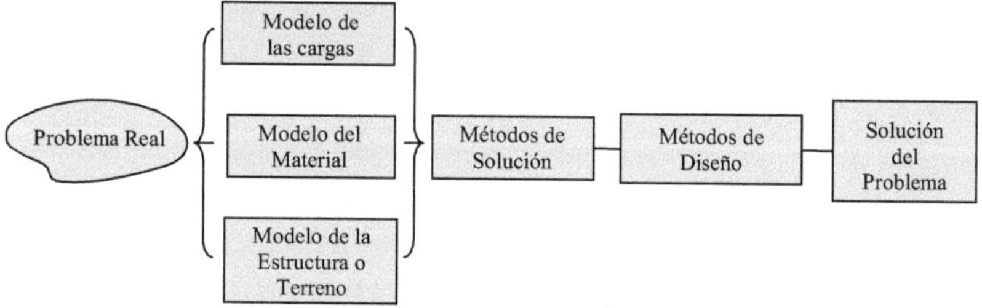

Figura 1.7 Esquema del proceso de modelación en la ingeniería.

Actualmente se ha avanzado en lo que respecta a la modelación de las cargas aunque en nuestro país solo se encuentran trabajos realizados, inherentes a la caracterización estadística de la carga de viento extremo (Quevedo, 1987), no ocurre así en el ámbito internacional, donde se han desarrollado muchas investigaciones a favor de esta caracterización, como puede constatarse en el Eurocódigo 1 (1997), de modo que se han podido coleccionar estos datos y así obtener el tipo de distribución estadística que sigue cada carga, así como los coeficientes de variación de las mismas, estos resultados se resumen en Quevedo (2002) y coinciden con trabajos recientes a favor de esta temática (Eurocódigo 1, 1997; Eurocódigo 7, 1997; Hospitaler, 1997). En este sentido se plantea, de modo general, que las cargas se analizan partiendo de una función de distribución de probabilidades normal (Quevedo, 1995; Eurocódigo 7, 1997; Quevedo, 2002), excepto para la carga de viento, cuya distribución de probabilidades ha sido recientemente estudiada por autores extranjeros, planteándose que posee una distribución Gumbell (Phoon, 2006), aunque esto varía en función de las condiciones geográficas de cada país.

En esta investigación se mantienen estas consideraciones, específicamente para la fase de diseño o aplicación de los métodos probabilísticos como solución, tratándose las mismas como variables aleatorias, sin embargo éstas también juegan un papel decisivo en la fase de análisis o modelación del problema, donde son consideradas como variables deterministas o exactas en un primer intento por alcanzar el objetivo propuesto.

El modelo constitutivo del material es otro de los aspectos más importantes a la hora de la modelación. Según Rojas (2000), un modelo constitutivo ideal para los suelo es aquel que se base en las propiedades físico - químicas de las partículas, de manera que se puedan considerar todos los giros, desplazamientos y deformación de cada partícula, sin embargo en la actualidad no se cuenta con conocimientos suficientes en este sentido y la mayoría de los modelos se basan en el comportamiento macroscópico del material y por lo tanto sólo son válidos para un cierto material sometido a ciertas solicitaciones (Rojas, 2000).

Para el modelo propuesto como ejemplo de análisis se utilizarán, como se ha explicado, las características más simples de un modelo clásico de suelo, esta decisión coincide con los criterios en cuanto a exactitud de los resultados que expone Rojas (2000). Este plantea que un modelo lo más simple posible, de hecho, genera resultados más eficientes que otro con gran número de parámetros aunque este último implique una gama más amplia en cuanto a tipos de suelo y solicitaciones (Rojas, 2000).

Generalmente en la modelación del comportamiento real del suelo, las propiedades del mismo son obtenidas de ensayos que en lo posible tratan de reproducir el comportamiento del mismo en el estado de carga de la estructura real que se pretende estudiar. El resultado de estos ensayos muestra el tipo de comportamiento del material dependiendo en gran medida de las acciones al cual está sometido. De aquí la aplicación de modelos de comportamiento adecuados garanticen una correcta solución del problema, en este tópico afortunadamente existe un gran desarrollo a escala internacional encontrándose resúmenes muy completos en diferentes trabajos (Juárez, 1970; Salas, 1981; Recarey, 1999) y más recientemente en (Rojas, 2000).

Existen dos teorías a la hora de analizar la modelación del suelo, la primera denominada Teoría lineal de la Elasticidad y la Teoría de la Plasticidad, en la primera se asume como hipótesis que el suelo constituye un continuo linealmente elástico (que obedece a la ley de Hooke), y que es homogéneo e isótropo. Esta teoría es instantánea, por lo que no toma en cuenta el factor tiempo, es decir, presupone la inexistencia de deformaciones diferidas (por ejemplo, las debidas a la consolidación). Por supuesto que este conjunto de hipótesis no se satisface la realidad del comportamiento del suelo aunque en algunos casos particulares, proporciona soluciones bastante satisfactorias (Quevedo, 2002). En la Teoría de la Plasticidad se estudia el comportamiento de un cuerpo deformado irreversiblemente; mediante esta teoría se obtienen las tensiones y deformaciones en los cuerpos, parcial o totalmente plastificados, esta teoría ha sido más fértil en su aplicación a los suelos, el número de problemas prácticos a los que brinda un enfoque razonable es mayor, y los problemas en sí, son de mayor importancia, sin embargo, no debe olvidarse que el aceptar para un suelo, un comportamiento plástico, equivale a sustituir el suelo real por un ente ideal, cuyas características de comportamiento son diferentes a las del material real.

Existen criterios de diversos autores como Rojas, (2000) y el Manual Sigma (2002), a la hora de clasificar los distintos tipos de modelos constitutivos usados para el caso específico de los suelos, esta clasificación parte de cuatro grupos fundamentales: los Modelos Elásticos, los Modelos Plásticos, los Modelos del Estado Crítico y los Modelos Endocrinos. En los modelos elásticos se plantea la hipótesis de proporcionalidad entre tensiones y deformaciones del material; dentro de este grupo se encuentra el modelo lineal elástico, donde la proporcionalidad es directa, siendo esta constante de proporcionalidad, el Módulo de Young E y la expresión que relaciona estos parámetros es, por supuesto, la Ley de Hooke (Rojas, 2000, Manual Sigma, 2002), además se encuentra en este grupo el modelo anisotrópico elástico, en el cual se consideran valores distintos de rigideces en dos direcciones ortogonales, algo muy similar se plantea para el Modelo Octolineal, en el cual el material se considera ortotrópico y finalmente, el modelo no lineal elástico o Modelo de Kondner Duncan, en el cual la curva esfuerzo deformación es una hipérbola y el módulo del suelo depende del esfuerzo de confinamiento y del esfuerzo a cortante que experimenta el suelo (Rojas, 2000, Manual Sigma, 2002).

Los modelos plásticos consideran una componente elástica en la relación tensión deformación y a partir de la cual comienzan a surgir deformaciones plásticas irreversibles, dentro de estos modelos se encuentran: El modelo Elasto – Plástico, este modelo conocido por Modelo de Mohr Coulomb describe un comportamiento elasto plástico perfecto, la relación esfuerzo deformación es directamente proporcional hasta el punto de fluencia, a partir del cual la curva es perfectamente horizontal (Rojas, 2000, Manual Sigma, 2002). También se encuentran en esta clasificación los modelos de Tresca y Von Mises, y el modelo Strain-Softening, en el cual el comportamiento del suelo se divide en tres etapas elásticas, una primera, en que se considera comportamiento elástico hasta el esfuerzo a cortante, luego, se genera un decremento del mismo hasta un punto residual y finalmente, a partir de este último, se mantiene constante. Existen otros modelos como el de Mroz Prévost, el de Dafalias y el modelo de Lade, los cuales consideran otros conceptos en cuanto a superficies de fluencia e incremento de la deformación plástica, estos modelos pueden simular con buen grado de precisión el comportamiento de algunos suelos (Rojas, 2000, Manual Sigma, 2002).

En síntesis, se plantea que de los modelos existentes para simular el comportamiento de los suelos, independientemente a que cada uno de ellos puede tener gran utilidad al ser aplicado a un tipo específico de suelo, uno de los más usados es el modelo de Mohr Coulomb, esto se debe a que luego de haberse realizado un sin número de ensayos triaxiales para distintos tipos de suelos, se ha podido comprobar y así se corrobora en Rojas (2000), que la superficie de falla real para los suelos no difiere mucho de la considerada por la Teoría de Mohr Coulomb (Rojas, 2000, Manual Sigma, 2002).

Otra de las cuestiones importantes en la modelación resulta ser el modelo de la estructura así como el del terreno; para este fin, los problemas se trabajan como modelos planos, teniendo en cuenta que para cada caso en análisis, las propiedades de los parámetros que definen la estructura o terreno se asumen iguales en una dimensión, generalmente la longitudinal. Para otros casos puede considerarse el análisis a través de un modelo tridimensional siempre y cuando estas propiedades anteriormente mencionadas no se repitan en una dimensión.

La solución del problema planteado determina el tipo de modelación llevada a cabo, esto se debe a que cada problema puede resolverse por dos vías, una primera denominada analítica, en la cual el cálculo consiste en la evaluación de las fórmulas matemáticas desarrolladas mediante un proceso de análisis, o mediante técnicas numéricas, siendo estas últimas las únicas capaces de proporcionar resultados adecuados, aunque algunos autores definen a estas últimas como métodos en los que la solución analítica es improcedente, debido a la complejidad matemática que se requiere, sin embargo, gracias al desarrollo que hoy en día se tiene en el campo de la informática, estos métodos han sido factibles de emplear, generándose una respuesta rápida y acertada del problema planteado. Dentro de estos se puede citar el Método de las Diferencias Finitas (MDF) y el Método de los Elementos Finitos (MEF) (Ibáñez, 2000).

Complementada la solución primaria del problema, es preciso definir el camino para la obtención ó el análisis de seguridad de la estructura, de modo que, como todo problema, resulta vital establecer la vía hacia un resultado, traducido en términos de diseño. En cuanto a la evolución de los métodos de diseño se cuenta con gran cantidad de trabajos, incluso realizados por investigadores cubanos (Quevedo 1987; Quevedo, 1995; Quevedo 2002), en los cuales se resume este proceso, sí vale la pena señalar que en la medida en que se ha ido desarrollando la ciencia, estos han ido cambiando a favor de lograr diseños más racionales y eficientes, modificándose principalmente la forma de introducir la seguridad, estos métodos fueron explicados anteriormente cuando se abordó el tema de seguridad, solo resulta interesante un comentario sobre uno de ellos, la teoría de la seguridad, del cual se plantea que debido a que es un método bastante complejo por los requerimientos matemático computacionales que encierra; en la actualidad sólo se usa a modo de investigación y no como un método práctico de diseño (Quevedo, 2002), para calibrar los coeficientes de seguridad introducidos en el mismo y para ello se hace uso del método de los estados límites.

La investigación que se lleva a cabo, tiene entre sus propósitos implementar computacionalmente este método, de manera que quede resuelto completamente el problema de la modelación y el diseño de estructuras geotécnicas. El resultado se basará en la obtención de valores de capacidad de carga, resultantes de la aplicación de nuevos procedimientos; importante es la comparación de estos valores con sus homólogos, obtenidos por métodos anteriores y precisamente en este punto se centra la investigación que tiene lugar, por supuesto que para lograr este fin, se requiere de la implementación de un concepto que, de acuerdo a la bibliografía consultada, se ha hecho una tendencia en aumento a escala mundial, se hace referencia a la modelación estocástica de problemas ingenieriles.

1.6 La Modelación Estocástica en la Ingeniería Geotecnia.

Un sistema es una fuente de datos del comportamiento de alguna parte del mundo real, las reglas que especifican la interacción entre los elementos de un sistema, determinan la forma en que las variables descriptivas cambian con el tiempo. Las variables que describen las entidades, los atributos y las actividades de un sistema en un instante particular de tiempo, que permiten predecir su comportamiento futuro, se denominan variables de estado y sus valores proporcionan el estado del sistema en ese instante, además, relacionan el futuro del sistema con el pasado, a través del presente. Si el comportamiento de los elementos del sistema puede predecirse con seguridad, el sistema es *determinístico*, de lo contrario es *estocástico*. Si la probabilidad de encontrarse en alguno de los estados no cambia con el tiempo, el sistema es estático, de lo contrario es un sistema dinámico. Si el estado de un sistema cambia sólo en ciertos instantes de tiempo, se trata de un suceso discreto, de lo contrario de un suceso continuo. (Phoon, 2006)

De acuerdo a tal definición, la modelación no es más que la reproducción ya sea física, matemática o ambas de tales datos obtenidos de un sistema, de aquí que una técnica de modelación estocástica no sea más que aquel procedimiento matemático que emplee, para la modelación problema, una solución basada en números aleatorios y que se base en el uso de la estadística de probabilidades. La elección al azar de las variables, proporcionan una probabilidad formal planeada para las incertidumbres de los parámetros de entrada, estas generalmente se agrupan en un vector denominado vector aleatorio. (Phoon, 2006)

En el área de la geotecnia, ha recibido elevada atención recientemente, el análisis de la fiabilidad, para ello se necesitan modelos de tierra realistas pero aleatorios, que puedan ser usados para evaluar probabilidades relacionadas con el diseño en cuestión (Fenton, 1999), sin embargo, no contar con herramientas que apoyen este proceso de formulación del problema es una desventaja con respecto a los métodos deterministas, y precisamente la falta de herramientas de este tipo, ha sido una de las barreras para una mejor aplicación de los modelos estocásticos a problemas reales. Esto se explica, en parte, por el hecho de que la formulación de estos modelos es menos natural que los de naturaleza determinista y por ello, requiere de mayor grado de conocimiento.

Introducir la teoría de la modelación estocástica en el campo de la geotécnica depende, según Centeno (2002), de dos factores que explican nuestra incapacidad para predecir, en forma precisa un evento futuro, ellos son: el riesgo y la incertidumbre, el primero se define como un efecto aleatorio propio del sistema bajo análisis, este se puede reducir alterando el sistema, el segundo es el nivel de ignorancia del evaluador acerca de los parámetros que caracterizan el sistema a modelar y se puede reducir con mediciones adicionales o con un mayor estudio del mismo. (Centeno, 2002). Tanto el riesgo como la incertidumbre se describen mediante distribuciones de probabilidad, por tanto, una distribución de probabilidad puede reflejar en parte, el carácter estocástico del sistema analizado y en parte, la incertidumbre acerca del comportamiento de la variable.

Algunos autores han ofrecido metodologías para llevar a cabo un proceso de modelación estocástica, las variantes más acertadas son las que parten del análisis del modelo. Generalmente, se toman en cuenta los siguientes elementos:

1. Diseñar el modelo lógico de decisión.

2. Especificar distribuciones de probabilidad para las variables aleatorias relevantes.

3. Incluir posibles dependencias entre variables.

4. Muestrear valores de las variables aleatorias.

5. Calcular el resultado del modelo y registrar el resultado.

6. Repetir el proceso hasta tener una muestra estadísticamente representativa.

7. Obtener la distribución de frecuencias del resultado de las iteraciones.

8. Calcular media, desvío y curva de percentiles acumulados.

En este trabajo se emplearán aproximadamente, los pasos del procedimiento anterior, debido a su generalización, sin embargo, existen métodos de simulación específicos que abordan esta tarea con un grado de exactitud muy alto, se hace referencia a los métodos de muestreo aleatorios, los cuales permiten predecir con exactitud los resultados del modelo propuesto. Uno de los más significativos es el método de Monte Carlo, el cual es totalmente aleatorio y ha tenido gran aplicación en la simulación de gran variedad de fenómenos y en usos tales como el muestreo estadístico, análisis numérico, programación de ordenadores y toma de decisiones.

La simulación de Monte Carlo fue creada inicialmente para dar solución a integrales que no se pueden resolver por métodos analíticos, posteriormente se utilizó para cualquier esquema que emplease números aleatorios, usando variables aleatorias con distribuciones de probabilidad conocidas, de modo que es usado para resolver ciertos problemas estocásticos y deterministas, donde el tiempo no juegue un papel importante (Ponce, 2002), por lo tanto, es un proceso computacional que utiliza números aleatorios para derivar una salida, de ahí que, en vez de permitir entradas con puntos dados, se asignan distribuciones de probabilidad a alguna o todas las variables de entrada, esto generará una distribución de probabilidad para una salida, después de una corrida de la simulación. El presente trabajo específica las características de este método, debido a su papel jerárquico en el desarrollo de la investigación.

1.7 El Método de Monte Carlo. Principios y aplicación en la solución de problemas geotécnicos.

El denominado *"Método de Monte Carlo"* permite resolver un problema, simulando datos originales a través de la generación de números aleatorios, y su aplicación correcta depende de tres cuestiones fundamentales: la existencia de una situación del mundo real de naturaleza probabilística, presto a ser simulado mediante un proceso aleatorio, un modelo que represente una imagen de la realidad, lo cual en términos del método se traduce a poder determinar con certeza la adecuada distribución de probabilidades de la variable en cuestión y por último, un mecanismo generador de números aleatorios, que puede ser una tabla de dígitos al azar, una ruleta o una computadora, lógicamente, esto no era posible tiempo atrás debido a la inexistencia del mecanismo de simulación, hoy en día ya se cuenta con ordenadores muy potentes capaces de procesar gran cantidad de datos en un breve intervalo de tiempo.

1.7.1 Breve Historia del Método de Monte Carlo.

El origen y evolución de este método se resume en dos etapas fundamentales, las cuales han sido caracterizadas en resumen, teniendo en cuenta las evidencias obtenidas en la bibliografía consultada.

- **Etapa I. Antecedentes del Método de Monte Carlo.**

La historia sobre el surgimiento y desarrollo de este método parte de 1777, cuando se resuelve el problema planteado por el matemático francés Georges Buffon, este pretendía encontrar el número de veces que una aguja de dimensión conocida corta una de varias líneas paralelas, dibujadas en una superficie plana y separadas a una distancia igual al doble de la dimensión de la aguja, luego, Laplace logra generalizar el teorema local del límite demostrado por Moivré, llevándolo a su forma integral, el cual estima asintóticamente la probabilidad de que en n experiencias independientes, en cada una de las cuales p es la probabilidad de ocurrencia del suceso buscado, el número de estas ocurrencias no supere un cierto valor que depende de estas variables, surgiendo a partir de estas demostraciones el importante concepto de distribución de probabilidades. (Ríbnikov, 1987).

A partir de estos primeros años del siglo XX, se comienzan a destacar los científicos que con mayor fuerza aportan al método de Monte Carlo; por ejemplo, en 1901 nace John Von Neumann, quien fuese uno de los pioneros de la informática, haciendo contribuciones significativas al desarrollo del diseño lógico; este aporta, entre otras cuestiones relevantes, soluciones computacionales a los problemas nucleares relacionados con la bomba de hidrógeno. Por otra parte se encontraba el conocido Stanilaw Marcin Ulam, 1909, quien según Metrópolis (1987), soluciona el problema de cómo iniciar la fusión en la bomba de hidrógeno, de este último se plantea que fue él quien ideó el Método de Monte Carlo. (Metrópolis, 1987).

- **Etapa II. Período de surgimiento del Método de Monte Carlo.**

El surgimiento propiamente del Método de Monte Carlo data de 1945, dos acontecimientos generaban la atención mundial: la prueba exitosa de la Bomba Atómica en el desierto de Alamogordo, en México y la construcción de la primera computadora electrónica. El impacto de esta combinación simultánea perseguía modificar cualitativamente las relaciones entre Rusia y el

Oeste (Metrópolis, 1987). Esta primera computadora se nombró ENIAC, la misma fue estudiada profundamente por tres investigadores de Los Álamos, Johnny, Frankel y Metrópolis, los cuales trabajaban en un modelo presto a procesarse en esta máquina. Esto se materializó en el otoño de 1946, en Los Álamos, incluyéndose figuras como Enrico Fermi y Stan Ulam, este ultimo, según Metrópolis (1987), considera el suceso como el renacimiento de las técnicas de muestreo aleatorio, quedando, de este modo, sentadas las bases que conducen al Método. (Metrópolis, 1987)

La esencia del método se ajustaba al interés de Stan en procesos aleatorios; Johnny sugiere el nombre de "*Monte Carlo*" debido a que es esta ciudad, precisamente, la capital de los juegos al azar (Metrópolis, 1987), además se plantea, que este nombre era la palabra clave usada en los experimentos para el diseño de la carcasa de la bomba atómica, debido a la necesidad de la simulación computarizada del proceso de fisión nuclear y para lo cual se requería de la generación de números aleatorios (Centeno, 2002). Metrópolis (1987) afirma además, que este método también fue descubierto, independientemente, por Enrico Fermi, nacido en Roma en 1901 y premio Nóbel de Física en 1938, cuando estudiaba la moderación de neutrones, esta investigación no fue publicada, pero sí fue empleada para resolver problemas asistidos por una pequeña máquina mecánica sumadora. Este método se emplea por primera vez en la simulación de procesos probabilísticos de hidrodinámica, inherentes a la difusión aleatoria de neutrones en material de fusión y ya a mediados de 1949 se celebra el primer y segundo simposio sobre el método de Monte Carlo, ya a principios de 1952, surge la nueva computadora MANIAC, evento que significa un gran pase de avance, pues pueden correrse nuevos problemas computacionales mucho más complejos. (Metrópolis, 1987)

1.7.2 Definición y Principios del Método de Monte Carlo.

1.7.2.1 Definición.

El término "Método de Monte Carlo" es muy general, pudiéndose definir como tal a cualquier técnica estocástica, las cuales se basan en el uso de números aleatorios y estadísticas de probabilidad para investigar los problemas reales (Pengelly, 2002), de aquí que, de acuerdo a Pengelly (2002), denominar a una técnica "Monte Carlo" es emplear para la solución del problema, números aleatorios.

En Pengelly (2002) se plantea que el Método de Monte Carlo es un método de análisis de fiabilidad que debe ser empleado sólo cuando el sistema analizado sea demasiado complejo como para el uso de métodos más simples, en este, cada variable considerada aleatoria está representada por una función de densidad de probabilidades y se repite el análisis convencional cambiando los valores de dichas variables, para este propósito se usa un denominado generador de números aleatorios. Obtener una generación por Monte Carlo con buena exactitud, depende del número de análisis que se realicen, de aquí que se necesite un aparato computacional potente para apoyar esta tarea, por tanto se plantea que deben usarse, siempre que sea posible, métodos más simples de análisis de fiabilidad, debido a que el método de Monte Carlo es mucho más costoso en cuanto a consumo de tiempo (Pengelly, 2002).

Teniendo en cuenta las definiciones anteriores, dadas por varios autores, se concluye que los Métodos de Monte Carlo son una colección de métodos, los cuales realizan básicamente el mismo proceso, el cual involucra una serie extensa de simulaciones que usan números aleatorios y probabilidades a fin de obtener una aproximación de la respuesta del sistema, de manera rápida y lo más exacta posible. Estos métodos sólo proporcionan una aproximación de la respuesta, por lo tanto el análisis del error de la aproximación es un factor a tener en cuenta cuando se evalúe la respuesta del sistema.

1.7.2.2 Principios del Método.

Para establecer los principios del método de Monte Carlo es necesario definir una estructura que resuma todos los elementos que intervienen en una solución abordada por este tipo de técnica, a continuación se ofrece, a criterio del autor y de manera resumida dicha estructura:

- Distribución de Probabilidades
- Generación de Números Aleatorios
- Comprobación de Aleatoriedad ó bondad de ajuste de los datos simulados.
- Alternativas de Optimización y otras aplicaciones del Método de Monte Carlo.

1.7.2.2.1 Distribución de Probabilidades.

Una distribución de probabilidad se ajusta a la descripción matemática de un proceso aleatorio que cumple con determinados supuestos teóricos. Los parámetros que se usan para definir estas distribuciones describen la forma de la distribución; el uso de estas es la única alternativa para describir una variable aleatoria cuando no hay una base de antecedentes, cuando los datos son escasos y no cubren todo el rango de posibles valores y cuando es demasiado costoso generar datos. (Yang, 2002)

Algunos conceptos fundamentales deben recordarse en este epígrafe, uno de ellos es el referente a **Variable Aleatoria**, la cual se define según Yang (2002) como un número real Xi, asignado a un evento Ei, de aquí que sea aleatoria debido a que el evento Ei es aleatorio y la asignación de su valor varía sobre el eje X, una definición mucho más precisa es la dada por Leuangthon (2006), donde se plantea que a una variable aleatoria se le considera una magnitud, que como resultado del experimento toma un valor, el cual en esencia no se puede predecir partiendo de las condiciones del experimento, esta posee un conjunto completo de valores permisibles, pero como resultado de cada experimento particular toma solamente uno de ellos (Blazquez, 1984; Leuangthon, 2006). En contraposición con esto existen las llamadas Variables **Determinístas,** que siempre toman un mismo valor, el cual sí se puede predecir a partir de las condiciones del experimento.

A diferencia de las variables deterministas, que solamente cambian su valor solo cuando varían las condiciones de experimentación, las variables aleatorias toman diferentes valores, aún cuando el conjunto de las variables de entrada (factores fundamentales) permanecen invariantes. El cambio de las variables aleatorias de un experimento a otro esta relacionado con los parámetros no tenidos en consideración (magnitudes aleatorias), la caracterización de este tipo de variable, depende ante todo, del conjunto de sus valores permisibles, de aquí que se distinguen dos tipos de variables aleatorias: las discretas y las continuas (Pengelly, 2002, Leuangthon, 2006).

Una variable aleatoria discreta se puede representar por una serie de probabilidades, indicando la probabilidad pi para cada valor xi, luego, la distribución de una variable aleatoria continua no se puede representar con la ayuda de las probabilidades de los valores por separado. El número de los valores es tan grande, que para la mayoría de ellos la probabilidad de tomar estos valores es igual a cero, o sea, el evento puede ocurrir, pero su probabilidad es igual a cero, para estas se estudia la probabilidad de que, como resultado del experimento, el valor de la variable aleatoria se encuentre en un determinado intervalo (Leuangthon, 2006).

Las variables aleatorias continuas son aquellas cuya función de distribución es continuamente diferenciable, o que deja de serlo en un número finito de puntos, entre estas distribuciones se encuentran la Lognormal, Normal (Gaussiana), Triangular, Uniforme, entre otras. Conjuntamente se dice que una variable aleatoria es discreta cuando su imagen es un conjunto finito o numerable, estas son útiles para simular un sistema si se analizan una cantidad finita de valores, entre ellas se encuentran la Binomial, Geométrica, Poisson, la Discreta Uniforme entre otras. De estas distribuciones, sólo algunas son las más frecuentemente empleadas en geotecnia, la tabla 1.1 muestra algunas de las más usadas en este campo.

Parámetro	Función de Densidad de Probabilidades
⇨ Variables que no toman valores negativos	Lognormal
⇨ Pesos Unitarios	Normal
⇨ Resistencia Cónica	
⬥ Arenas	Lognormal
⬥ Arcillas	Normal/Lognormal
⇨ Resistencia a Cortante no drenada	
⬥ Arcillas	Lognormal
⬥ Cieno arcilloso	Normal
⬥ Relación S_u / σ_u	Normal/Lognormal
⬥ Arcillas	Normal
⬥ Límite Plástico y Límite Líquido	Normal
⬥ Relación de Vacíos y Porosidad	Normal
⬥ Relación de Sobre consolidación	Normal/Lognormal
⇨ Información Limitada	
⬥ Alta y Baja Solamente	Uniforme
⬥ Alta, Baja y muy gustada	Triangular
⬥ Sin Información	Uniforme
⬥ Costos de Construcción	Normal
⇨ Distribuciones que resultan de:	
⬥ Suma	Normal
⬥ Multiplicación	Lognormal

Tabla 1.1. Distribuciones de Probabilidad más usadas en el área geotécnica (Army Corps of Engineers, 2006)

Como puede apreciarse en la tabla anterior, la mayoría de los parámetros geotécnicos son caracterizados estadísticamente por distribuciones normales y lognormales, esto por supuesto, fundamentado en la experiencia de estudios anteriores.

1.7.2.2.2 Generación de Números Aleatorios.

La generación de variables aleatorias es el ingrediente clave en la aplicación de cualquier técnica estocástica (Monte Carlo), el objetivo de dicha generación es obtener una muestra sintética, o sea artificial de valores de una variable, cuya función de densidad empírica se ajuste lo más fielmente posible a la dada como modelo probabilista de la misma. A estos métodos se les exige exactitud: para ello la muestra obtenida debe ajustarse a la distribución de la variable aleatoria que se está simulando; eficiencia: tratando de minimizar el número de operaciones necesarias para generar los valores de la variable y robustez: que sirvan para cualquier valor de los parámetros de la distribución de la variable aleatoria a simular.

Cuando se maneja el concepto de número aleatorio es totalmente erróneo referirse a un número específico, en su lugar se debe hablar de una secuencia de números aleatorios independientes que siguen una distribución específica, en primer lugar, estos son independientes ya que cada número es obtenido por casualidad y no tiene relación con otros números de la serie y cada uno de ellos tiene una probabilidad específica de pertenecer a un rango de valores determinado (Leuangthon, 2006), como ya se ha planteado la distribuciones más comunes son la uniforme y la normal. Para generar números aleatorios se han utilizado máquinas específicas, por ejemplo la ERNIE inglesa, entre otras, estas presentan el inconveniente de poseer averías difícilmente detectables así como la imposibilidad de rehacer los cálculos con idénticas secuencias, también se han utilizado tablas, estas muy cortas para los cálculos y ocupando gran cantidad de memoria y tiempo de acceso y el último de los métodos se basa en operaciones aritméticas, como la secuencia dada por Von Neumann, este ultimo es el más usado debido a las desventajas de los anteriores. (Leuangthon, 2006). Por tanto, se define como **números aleatorios** a aquellos que solamente ocurren al azar y son generados por cualquiera de los métodos planteados anteriormente. Todos estos sistemas generan corrientes de números aleatorios sin ciclos repetitivos y se distribuyen uniformemente entre los valores 0 y 1.

Cuando se trata de resolver casos de simulación en los que se requiere de un número grande de repeticiones, el problema se hace tedioso y largo, en consideración los métodos físicos dejan de ser útiles en estos casos y es necesario recurrir a los números generados por computadoras (Centeno, 2002). A partir de aquí surge un problema conceptual, este consiste en que los números que generan las computadoras no son completamente aleatorios, debido a que responden a la aplicación de un algoritmo determinístico, el cual, podría generar ciclos repetitivos en algún momento y en el caso que tales ciclos se generen, resultaría fácil observar el proceso para saber cual número resultará seleccionado en un momento dado, lo cual invalidaría el proceso. Estos números generados por las computadoras reciben el nombre de "pseudoaleatorios", pues forman corrientes que pueden tener un ciclo de repetición tan largo que resulta improbable de ser descubierto y que además, sirven para los cálculos de tipo probabilístico, pues producen respuestas muy similares a las que se obtienen con arduo trabajo empleando ruletas o dados (Centeno, 2002).

1.7.2.2.3 Métodos de Generación de Números Aleatorios.

Según Centeno (2002) existen dos vías bien conocidas para generar números pseudoaleatorios, ahora, de acuerdo al criterio del autor de este trabajo, estas no son más que los primeros métodos generales empleados para generar números aleatorios. La primera, es la denominada *Técnica de los Dígitos Medios de un Cuadrado* y se denomina así por utilizar el juego de dígitos que se ubica en la mitad del número, que resulta de elevar al cuadrado el número semilla, aplicando esta técnica se puede calcular una secuencia partiendo de un número semilla y se encontrará que se puede producir una corriente de cierta cantidad de números pseudoaleatorios, sin que se produzca convergencia o repetición de secuencia; pero esto no garantiza que se mantenga al seguir adelante (Centeno, 2002). Estos números pseudoaleatorios deben cumplir con tres condiciones muy importantes para que puedan servir en los procesos de simulación, en primer lugar todos deben estar distribuidos uniformemente entre 0 y 1, los números que se generen no deben presentar correlación serial y por último deben presentar un ciclo muy largo, que resulte muy superior al tamaño de la muestra que requiera la simulación. De aquí que los números generados con esta técnica no cumplan con las tres condiciones antes señaladas y por ello no son buenos como números aleatorios. En consecuencia, es preciso emplear otro método de generación, el *Método de Congruencia Lineal* , este sí permite cumplir con los tres requisitos y resulta preciso para el cálculo de simulaciones, en este se emplea una función denominada función mod, la cual genera una expresión como la siguiente: *10mod3*, cuyo significado se basa en que m es un número entero positivo, llamado módulo, luego la expresión *xmod(m)* es el residuo de dividir x entre m tantas veces como resulte posible, por ejemplo 10mod(3)es 1, puesto que 3 cabe 3 veces en 10 para dar 9 y el residuo es 1.

Existen otros métodos generales para generar números aleatorios, independientemente de cual sea su función de distribución, éstos son, la secuencia de Fibonacci, el método de Maclaren y

Marsaglia, el método aditivo congruencial, el método de inversión, método de composición, método de convolución, el método de aceptación-rechazo, el método mixto, el muestreo de importancia, y el método de transformación. También existen métodos particulares para tipos específicos de funciones de distribución de probabilidades, los cuales resultan de adaptar los métodos generales a los parámetros de cada distribución. (Leuangthon, 2006, Centeno, 2002). A continuación se detallan algunos de los más usados.

1.7.2.2.3.1 Método de la función de distribución inversa.

El método de inversión se define por: Sea X una variable aleatoria con función de distribución Fx. Si la variable aleatoria U sigue una distribución uniforme en el intervalo [0, 1], entonces $Y = F_x^{-1}(U)$ tiene la misma distribución que X (Leuangthon, 2006; Quevedo y Recarey, 2005)

La definición anterior indica una posibilidad para generar una muestra de variables X. Basta con generar números aleatorios y calcular sus inversos mediante Fx, obteniendo una muestra de variables independientes de la misma distribución que X. (Leuangthon, 2006; Quevedo y Recarey, 2005), por lo tanto si es posible invertir la función de distribución acumulativa F(x), el algoritmo será el siguiente:

⇨ Generar U ~ U (0, 1).

⇨ Devolver X = $F^{-1}x$ (U).

La desventaja de este método radica en que no siempre es posible invertir dicha función; aunque es muy económico. Sin embargo cuando no se pueda aplicar el método de inversión, es posible aplicar entonces el método de composición. (Leuangthon, 2006; Quevedo y Recarey, 2005)

1.7.2.2.3.2 Método de Composición.

Esta técnica es una simple extensión de la técnica de la transformación inversa. Se aplica a situaciones donde la función de densidad de probabilidad puede ser escrita como una combinación lineal de funciones de composición más simple y donde cada una de las funciones de composición tiene una integral indefinida que es invertible. Así, se consideran los casos donde la función de densidad f(x) puede ser expresada como: (Leuangthon, 2006; Quevedo y Recarey, 2005)

$$f(x) = \sum_{i=1}^{n} p_i f_i(x)$$, donde $\sum_{i=1}^{n} p_i = 1$ y cada una de las f_i tiene una integral indefinida F_i con una inversa conocida.

Un algoritmo para generar variables aleatorias mediante esta técnica es el siguiente:

⇨ Seleccionar índice i con probabilidad p_i.

⇨ Independientemente generar U ~ U (0, 1).

⇨ Devolver $F_i^{-1}(U)$.

1.7.2.2.3.3 Método de Aceptación Rechazo.

Esta es una técnica indirecta para generar la distribución deseada, es más general y puede ser usada cuando métodos más directos como los anteriores fallan, aunque no es tan eficiente como los métodos directos, su mayor ventaja es que siempre funcionará, aun en casos donde no hay fórmula explícita para la función de densidad. (Leuangthon, 2006; Quevedo y Recarey, 2005)

Considérese una función de densidad de probabilidades arbitraria f(x), mostrada en la figura 1.8, la motivación detrás de este método es la simple observación de que se tiene alguna manera de generar puntos uniformemente distribuidos en dos dimensiones bajo la curva de f(x), entonces la frecuencia de ocurrencia de las abscisas tendrá la distribución deseada. (Leuangthon, 2006; Quevedo y Recarey, 2005).

Una forma simple de hacer esto es como sigue:

1- Seleccionar X ~ U (0, 1).

2- Independientemente seleccionar

$$Y \sim U\,(y_{min}, y_{max}).$$

3- Aceptar X si y solo si Y = f (X).

Esto resulta ineficiente debido al hecho de que puede haber muchos puntos encerrados por el rectángulo delimitador que yace sobre la función, por eso, se puede hacer más eficiente encontrando primeramente una función $\hat{f}$ que mayore a f(x), en el sentido de que $\hat{f}(x) \geq f(x)$ para todo x en el dominio y al mismo tiempo, la integral de $\hat{f}$ es inversible para todo x del dominio.

Sea $\hat{F} = \int\limits_{x_{min}}^{x} \hat{f}(x)dx$ y defínase $A_{max} = \int\limits_{x_{min}}^{x_{max}} \hat{f}(x)dx$.

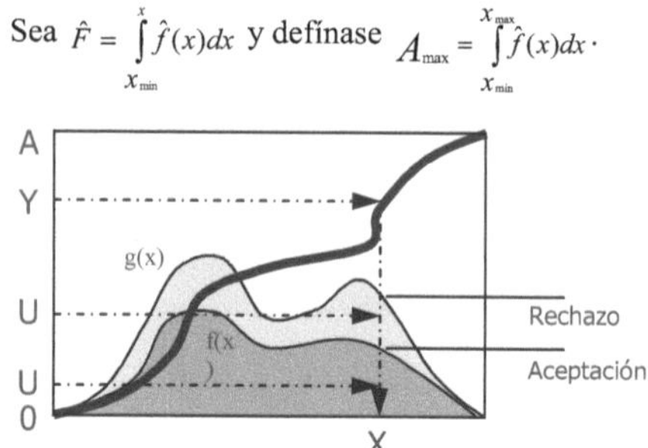

Figura 1.8 Generación de valores aleatorios por el método del rechazo.

Entonces un buen algoritmo sería:

(1) Seleccionar A ~ U (0, Amax).

(2) Computar $X = \hat{F}^{-1}(A)$

(3) Independientemente seleccionar:

$$Y \sim U(0, \hat{f}(X))$$

(4) Aceptar X si y solo si Y = f (X), sino repetir el proceso.

Este método depende de la selección de una densidad fínicia g(x) cercana a f(x) de manera que se pueda reducir el número de iteraciones. Además, este al igual que todos los métodos anteriores, son de carácter general, debiendo ser adaptados en cada caso a la distribución para la cual se desea generar valores. (Leuangthon, 2006; Quevedo y Recarey, 2005)

1.7.2.2.4 Generación de Números Aleatorios que siguen una distribución específica.

Cada distribución de probabilidades genera una corriente específica de números pseudoaleatorios y solo éstas, deben ser empleadas para realizar las simulaciones, quien simula debe saber a priori y por experiencia, cual es la distribución que mejor se adapta a la data que maneja. A este conocimiento a priori se le denomina conocimiento heurístico. (Leuangthon, 2006; Quevedo y Recarey, 2005)

Según Centeno (2002), la distribución Normal o Gaussiana es una de las que más se ajusta a los casos que se estudian en la geotecnia, seguida por las distribuciones Lognormal, Beta y Gamma, todas estas distribuciones producen corrientes de números pseudoaleatorios que son muy útiles en los modelos de Simulación Monte Carlo y que amplían notablemente las posibilidades de este método de simulación, confiriéndole un poder matemático extraordinario.

Conociendo la función de densidad de una variable aleatoria que sigue cualquier tipo de distribución específica, ya sea normal, lognormal, etc., su función de distribución, así como los parámetros de la misma, existen algoritmos eficientes para obtener valores aleatorios de dicha variable. (Centeno, 2002).

Otra de las distribuciones de probabilidades más empleadas en la Ingeniería Geotécnica es la Distribución Lognormal. Resulta importante aclarar que de acuerdo a Centeno (2002), muchos de los pronósticos obtenidos en el proceso de simulación de Monte Carlo aplicado a la ingeniería de cimentaciones y muros responden a una distribución Lognormal, por lo cual es ampliamente empleada en aquellas situaciones en las que las que las variables de asunción tienen un Sesgo Positivo.

1.7.2.2.5 Comprobación de aleatoriedad de los datos obtenidos en la Simulación.

Para analizar la aleatoriedad de una secuencia de datos, procedentes de un generador de números que siguen una distribución U (0, 1) y teniendo en cuenta que esta distribución es muy utilizada para generar números aleatorios, existen algunas dócimas empíricas. Las pruebas que se diseñan han de contrastar tanto con la uniformidad como con la independencia de los datos. Se usará en todos los casos contrastes bilaterales, en el sentido de que se rechazará la hipótesis de aleatoriedad tanto si los datos se alejan claramente de la aleatoriedad, en cuanto a uniformidad e independencia, como si se acercan demasiado a ella. Es decir, se rechazará también una secuencia por ser "demasiado aleatoria", pues este hecho puede producir sospechas de que los datos han sido generados intencionadamente para producir esos resultados.

De acuerdo a la totalidad de los autores consultados en la bibliografía, existen varios métodos para determinar mediante pruebas de bondad de ajuste la aleatoriedad de una cierta corriente de números, entre estos se encuentran el Test $\chi 2$, Test de series, Test de rachas, Test de huecos o distancias, Test de Kolmogorov-Smirnov y la Prueba Anderson Darling, entre los más usados se encuentra el test de χ^2, este permite analizar la aleatoriedad de los datos en cuanto a frecuencias (Pengelly, 2002; Centeno, 2002). Se trata de contrastar la hipótesis de que los datos proceden de una distribución uniforme en el intervalo (0,1). El proceso de análisis se puede desglosar en los siguientes pasos:

1. Dividir el intervalo [0, 1] en dos partes iguales, que se llamarán clases.

2. Contabilizar cuántos números caen en cada clase. A la cantidad de números que caen en una clase $i = \overline{1,d}$ se le llamará frecuencia observada de la clase i, y se denotará por

    θ_i (Obsérvese que $\displaystyle\sum_{i=1}^{d}\theta_i = n$).

3. Se comparan las frecuencias observadas con las frecuencias esperadas E_i, es decir, con la cantidad de números que se esperaría encontrar en la clase i si la secuencia fuera realmente aleatoria.

La frecuencia esperada E_i se puede calcular como:

$$E_i = n\, p_i, \qquad\qquad [1.18]$$

Donde p_i es la probabilidad de que un número elegido al azar entre 0 y 1 caiga en la clase i. Esta probabilidad es $p_i = 1/d$, dado que todas las clases son de igual amplitud, con lo que:

$$E_i = n\,(1/d) = n/d. \qquad\qquad [1.19]$$

A la hora de implementar este test, es útil detectar de forma sencilla la clase en que cae cada número de la secuencia. Si se llama C_i a la clase en la que cae el número X_i, se cumple que:

$$Ci = \lfloor d * x_i \rfloor + 1, \qquad\qquad [1.20]$$

Donde $\lfloor d * x_i \rfloor + 1$ es la función parte entera por defecto.

Una vez aquí, se puede medir el ajuste de los datos a una distribución U (0,1) utilizando el estadístico:

$$\chi^2 = \sum_{i=1}^{d} \frac{(\theta_i - E_i)^2}{E_i}, \qquad\qquad [1.21]$$

Que se distribuye asintóticamente según una distribución $\chi^2(d-1)$. Una condición imprescindible para poder aplicar el test χ^2 es que las frecuencias esperadas en cada clase sean siempre mayores que 5, es decir, $E_i = n/d > 5$, de manera que se eligirá el número de clases teniendo en cuenta esta restricción.

Según Centeno (2002), los métodos más conocidos para practicar la "Bondad de Ajuste" son: el Método Chi Cuadrado, el Método de Kolmogorov Smirnov y el Método Anderson Darling. Algunos softwares empleados para realizar modelaciones estocásticas, como el Crystal Ball, realizan automáticamente la prueba de bondad de ajuste y emplean "valores tope" para indicar buen ajuste (Centeno, 2002), por ejemplo, para la prueba de Chi Cuadrado, el valor de prueba debe ser mayor que 0,5, para la Prueba Kolmogorov Smirnov, menor que 0,03 y para la Anderson Darling, este valor de Prueba debe ser menor que 1,50.

1.7.2.2.6 Alternativas de Optimización y otras aplicaciones del Método de Monte Carlo.

Los números aleatorios generados, asociados a las variables independientes del problema, deben ser combinados entre sí para poder formar un conjunto de datos que permitan efectuar las simulaciones deterministas, esto conduce a un ahorro en cuanto a tiempo de cálculo, de aquí que algunos de los métodos que a continuación se relación puedan ser considerados como métodos de optimización para el muestreo (Centeno, 2002).

1.7.2.2.6.1 Muestreo aleatorio simple.

El algoritmo más simple consiste en combinar, los distintos números generados sin restricciones y sin un orden aparente. En éste muestreo no se aplica ninguna optimización a la población generada. En la figura 1.9 a), se observa una típica nube de puntos obtenidas mediante este muestreo. Obsérvese que existe un gran número de puntos alrededor de los valores medios, por lo que resulta un muestreo computacionalmente muy costoso (Quevedo y Recarey, 2005).

1.7.2.2.6.2 Muestreo estratificado.

Con el objetivo de generar una población de muestreo, que cubra todo el rango de posibilidades combinatorias de las variables aleatorias, existe un método basado en dividir el espacio de cada variable aleatoria, en rangos de igual probabilidad de ocurrencia., aquí el análisis estocástico se lleva acabo con un punto perteneciente a cada rango generado, como se muestra en la figura 4.10 b) (Quevedo y Recarey, 2005).

1.7.2.2.6.3 Muestreo mediante el Hipercubo Latino.

Éste método y otros métodos similares representan una reducción más drástica de la población a analizar. Basándose en el muestreo estratificado, cada uno de los rangos de igual probabilidad para una variable se combina con otros rangos de las variables independientes, de forma única y aleatoria. Este se emplea con el fin de realizar procesos de simulación de alta precisión y difiere del Método de Monte Carlo en pequeños detalles inherentes a la sectorización del área bajo la curva de distribución de frecuencias, haciendo que se generen áreas idénticas en todo el rango de la variable tipificada y que, en consecuencia, se evite el solape que ocurre cuando los números aleatorios se distribuyen en todo el rango y no en sectores de igual probabilidad. (Centeno, 2002)

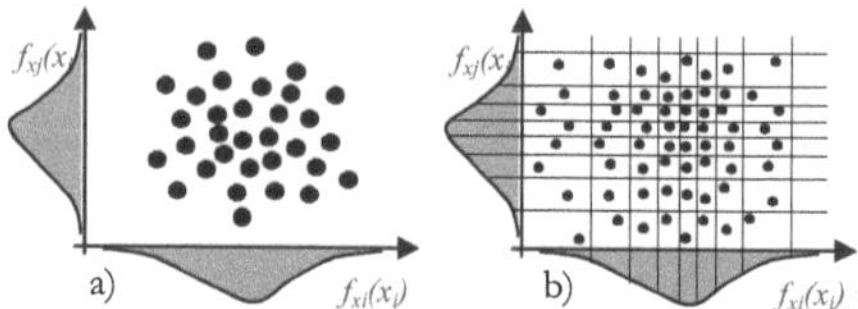

Figura 1.9 Tipos de muestreo. a) Muestreo aleatorio simple, b) Muestreo Estratificado

Cuando se utiliza el método Monte Carlo se requieren más repeticiones que empleando el método del Hipercubo Latino, lo cual significa que este es más eficiente que el Método Monte Carlo, sin embargo; la práctica ha permitido comprobar que cuando se desea simular es más conveniente emplear el Método Monte Carlo (Centeno, 2002).

Cuando se utiliza el método de muestreo: Hipercubo Latino, se divide la distribución de probabilidades de cada asunción en segmentos no solapantes, de forma que cada uno de ellos tenga igual probabilidad (áreas iguales); por tal circunstancia, los segmentos de las colas están más separados que los segmentos centrales. Este método es generalmente más preciso que el Método Monte Carlo cuando se trata de calcular las estadísticas de la simulación, porque la muestra es más consistente en el rango completo de la distribución. No obstante, esta mayor precisión se paga con mayor tiempo de computadora.

Otro muestreo bastante similar a este es el **Muestreo Descriptivo** propuesto por Ziha (1995); este se diferencia en la forma en que es generada la matriz de permutaciones de los rangos y tiene como objetivo eliminar o disminuir la variabilidad de los datos, basado en la selección determinista de los valores muestrales de entrada y sus permutaciones aleatorias, esto según Ziha (1995), se define como:

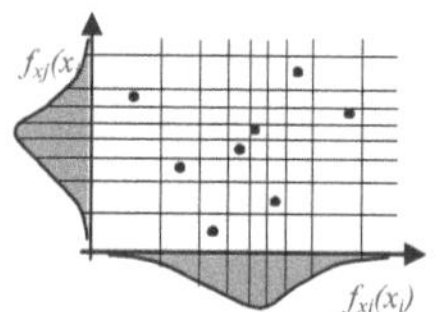

DS = entrada determinista X secuencia aleatoria.

Cuando se usa muestreo aleatorio se tiene que:

RS =entrada aleatoria x secuencia aleatoria.

Figura 1.10 Muestreo Descriptivo.

A diferencia del muestreo aleatorio, en el cual los valores son generados para su uso inmediato y uno a uno, en este los valores se generan para cada variable aleatoria, de su respectiva función de distribución acumulativa, esto se realiza de antemano y todos a la vez asumiendo un tamaño muestral de entrada:

$$x_j^i = Fx_j^{-1}\left[(i - 0.5)/ns\right]$$
$$i = 1,2...ns$$

[1.22]

La transformación inversa puede ser llevada a cabo usando diferentes algoritmos generales como Newton-Raphson, bisección o regula-falsi (Ziha, 1995). Luego se realiza una corrida de la simulación para describir completamente el espacio multidimensional de interés consistente en n muestras. Mientras que los valores de entrada solo pueden generarse uno a la vez para todas las corridas, cada corrida establece una permutación aleatoria de dichos valores de entrada, luego de cada corrida se chequea la convergencia, el máximo ajuste de puntos y los parámetros del muestreo de importancia que tienen incidencia en el proceso. Ziha (1995) propone un algoritmo para problemas de confiabilidad estructural, empleando un arreglo puntero para la permutación de índices, en lugar de valores. En este n_v será el número de variables aleatorias, n_s el Tamaño de la muestra de entrada, $IP(n_s,n_v)$ será un arreglo tipo integer, de punteros a los valores de entrada y $IL(n_v)$ un vector entero, apuntando al primer puntero IP disponible.

Pasos del Algoritmo.

1. Inicializar toda las variables: j = 1, 2, ... n_v;

1.2. Llenar el arreglo puntero IP: IP(i,j) = i, i = 1, 2, ... n_s;

1.3. Establecer el vector IL: IL(j) = 1;

2. Permutación aleatoria de punteros sobre variables, j = 1, 2, ... n_v;

2.1. Si IL(j) > ns, entonces fijar IL(j) = 1;

2.2. Generar aleatoriamente un entero $IL(j) \le i_r \le n_s$ intercambiar IP(IL(i),j) con IP(i_r,j) para i = 1,2, .. n;

2.3. Fijar IL (j) = IL (j) + 1

Pointer array							Appropriate set values						
1 *	2	3	4	5	6	7	1	2	3	4	5	6	7
1	5	2	3	7	2	1	−1.64	−0.12	−1.03	−0.67	0.38	−1.03	−1.64
2	4	8	4	6	5	6	−1.03	−0.38	0.67	−0.38	0.12	−0.12	0.12
3	9	4	7	9	8	8	−0.67	1.03	−0.38	0.38	1.03	0.67	0.67
4	10	1	5	10	9	7	−0.38	1.64	−1.64	−0.12	1.64	1.03	0.38
5	1	5	2	3	1	9	−0.12	−1.64	−0.12	−1.03	−0.67	−1.64	1.03
6	2	9	6	5	6	10	0.12	−1.03	1.03	0.12	−0.12	0.12	1.64
7	8	7	9	2	7	5	0.38	0.67	0.38	1.03	−1.03	0.38	−0.12
8	7	6	8	8	4	3	0.67	0.38	0.12	0.67	0.67	−0.38	−0.67
9	3	10	1	4	10	2	1.03	−0.67	1.64	−1.64	−0.38	1.64	−1.36
10	6	3	10	1	3	4	1.64	0.12	−0.67	1.64	−1.64	−0.67	−0.38

Tabla 1.2 Valores permutados aleatoriamente y valores generados mediante el muestreo descriptivo, para un problema de 7 dimensiones y tamaño de muestra igual a 10, tomando una distribución normal.

La aplicación del Muestreo descriptivo incrementa la eficiencia de Monte Carlo, sobre todo en problemas de confiabilidad, de aquí se derivan estimaciones mucho más precisas que por cualquier otro método hecho esto en mucho menos consumo de tiempo.

1.8 La Modelación Estocástica, el Método de Elementos Finitos y la Teoría de Seguridad a favor de la solución de problemas geotécnicos.

Como se ha comentado anteriormente, el objetivo de esta investigación es establecer un procedimiento que permita combinar la modelación estocástica de problemas de ingeniería geotécnica, con el proceso de diseño mediante métodos probabilísticos, de modo que partiendo de los resultados obtenidos en dicha modelación con y sin el empleo de métodos numéricos se realice el diseño de la estructura empleando la Teoría de la Seguridad, a fin de obtener un nivel de seguridad adecuado de la estructura, de aquí que sea necesario analizar los intentos anteriores de vincular estas técnicas a favor de lograr una modelación y diseño completamente probabilista.

Algunos trabajos internacionales abordan el tema de la modelación estocástica sobre todo en el área del diseño estructural (Wensing, 2002, Lu y Wu, 2004; Papadrakakis et al., 2003; entre otros), e incluso aplicados al diseño geotécnico (Griffiths et al., 2000; Christian, 2004; Abdallah, 2000; entre otros), en todos se procede aproximadamente de la misma manera, por ejemplo, Abdallah (2000) propone para el análisis de estabilidad de taludes mediante métodos probabilistas dos métodos de análisis, uno de los cuales resulta ser la Simulación de Monte Carlo, llegando a determinar como resultado el índice de confiabilidad β y la probabilidad de fallo de la estructura; en Christian (2004) y Griffiths et al. (2000) se realizan análisis de confiabilidad aplicados a problemas geotécnicos, valorándose el empleo de métodos como el Método de Estimación de puntos y el método de Monte Carlo, concluyendo de igual forma y sin variar el procedimiento de aplicación de los mismos. En Wensing (2002) se realiza un análisis de confiabilidad en columnas de hormigón armado, para ello se emplean comparativamente dos métodos, el primero, el método de confiabilidad de primer orden y el otro, el método de simulación de Monte Carlo, obteniéndose, al igual que en los casos anteriores, el índice de confiabilidad β y la probabilidad de falla.

Existen trabajos más profundos donde se vincula el método de elementos finitos con la simulación de Monte Carlo. Un análisis bastante completo es el realizado por Papadrakakis et al. (2003), aquí se presenta un algoritmo eficiente para llevar a cabo el diseño de vigas de hormigón haciendo uso del M.E.F. y considerando un medio aleatorio para el análisis. Primeramente se analiza la geometría de la estructura y luego se procede a establecer el modelo de la estructura a través de elementos finitos. Para esto se discretiza la misma y se genera el modelo constitutivo del material basado en la teoría plástica y se establece por último el criterio de falla de la estructura. Posteriormente se caracterizan estadísticamente las variables que inciden en el diseño, asumiendo que son aleatorias y a partir de aquí se realizan las corridas para cada una de ellas calculándose la función de densidad de probabilidad para cada una. Aquí se conceptualiza como análisis de confiabilidad a la determinación de las curvas P/δ resultantes de los variables estocásticas, generadas en las corridas de Monte Carlo, los valores de resistencia máxima son obtenidos y con estos se construye el histograma de frecuencia de la Resistencia. Finalmente, al igual que en el resto de los casos, se determina la probabilidad de falla de la estructura a través de la integración del área donde se intersecan las curvas de Resistencia y Cargas Actuantes.

Un análisis mucho más eficiente es el realizado por Koris y Szalai (1998), aquí se analiza una viga de hormigón armado sometida a carga distribuida, aunque a diferencia del anterior, este análisis se realiza por varios métodos, el primero es un análisis de segundo momento ó desarrollo en series de Taylor, el segundo a través de Monte Carlo, también se analiza el problema de Monte Carlo usando Elementos Finitos y finalmente empleando un método interesante que conjuga estas dos últimas técnicas y que se denomina Método Estocástico de Elementos Finitos, en este se obtienen funciones de densidad de probabilidades calculadas en 10 variantes diferentes basadas en combinaciones de los métodos y distribuciones empleadas, o sea empleando Taylor con distribución normal (Método 1), ajustando estos resultados se obtiene una nueva distribución

(Método 2), luego realizando Simulación de Monte Carlo (Método 3), ajustando una distribución normal al resultado de Monte Carlo (Método 4), luego empleando una distribución Gamma para Monte Carlo (Método 5), ajustando una función Gamma al resultado de Monte Carlo con dicha distribución (Método 6), luego empleando el S.F.E.M. (Método 7), empleando Monte Carlo con Elementos Finitos (Método 8), ajustando una distribución normal a estos resultados (Método 9) y por ultimo ajustando una distribución Weybull también a estos últimos resultados (Método 10). En este trabajo se concluye que lo resultados obtenidos por el S.F.E.M., son eficientes en este tipo de análisis debido a que se consume menos tiempo que mediante el método de Simulación de Monte Carlo (Koris y Szalai, 1998).

Method	Mean value [kN/m]	Standard deviation [%]	Skewness	1 ‰ Quantile [kN/m]	$p(q_R < 10\ kN/m)$ [‰]	$1 - K(z)$	CPU time [hours]
1	13.2741	6.71	0	10.5197	0.1198	-	-
2	13.2556	6.72	0.0852	10.6011	0.0750	-	0.48
3	13.2556	6.72	0	10.5016	0.1296	0.1307	-
4	13.2567	6.71	0.2703	10.8163	0.0060	-	3.12
5	13.2567	6.71	0.2703	10.5076	0.1257	0.0000	-
6	13.2567	6.71	0.2703	10.8449	0.0036	0.9979	-
7	13.4250	13.61	0	9.2693	4.0233	-	0.53
8	13.1540	8.77	-0.1605	-	-	-	13.63
9	13.1540	8.77	0	9.5854	3.1551	0.9733	-
10	13.1540	8.77	-0.1605	7.8438	20.2006	0.9728	-

Tabla 1.3 Resultados de la Modelación estocástica de la Resistencia Estructural (84)

Por último se le ha dado la mayor importancia al trabajo realizado por Quevedo y Recarey (2005), debido a que constituye el primer trabajo en el cual se aborda la vinculación de tres aspectos esenciales de la ingeniería: la modelación, las técnicas estocásticas (método de Monte Carlo) y la teoría de seguridad. En este se trata de emplear un enfoque más general que el de series de Taylor, utilizando la modelación y la simulación numérica como herramienta para determinar las variables de respuesta. Como es lógico, la aplicación de esta técnica esta directamente relacionada con la realización de modelaciones virtuales, con previa calibración del mismo, respecto a un mínimo de ensayos experimentales. En este caso de estudio, la variable de respuesta es la capacidad portante de los conectores o resistencia última de los mismos.

Primeramente se generan los datos aleatorios que conforman y caracterizan las variables independientes o factores (variables independientes o dependientes que son función de la conjugación de una o varias variables cálculos deterministas (modelación y simulación numérica de los ensayos virtuales de los conectores) que proporcionan, una data aleatoria de variables dependientes (variables de respuesta que en este caso es la capacidad portante de los conectores).

Conocido el comportamiento aleatorio de las variables de repuesta (capacidad portante de los conectores) es necesario caracterizar estadísticamente las mismas, para ello se determina del tipo de distribución teórica de frecuencia que mejor se ajusta al comportamiento de la variable respuesta (capacidad portante de los conectores) así como la estadística descriptiva de la misma, más tarde se procede a determinar las variables: Y, σy, β y H que delimitan un estudio de seguridad. Finalmente, se pueden extrapolar los resultados de este estudio a la determinación de los coeficientes de seguridad, necesarios para la aplicación convencional del principio de los estados límites en ingeniería.

Partiendo de los resultados obtenidos se puede realizar una caracterización estadística y determinar los valores de la función Y, σy_1 y σy_2, que posibilitan la aplicación de la Teoría de Seguridad y determinar el Nivel de Seguridad y el Índice de Relatividad y con estos precisar los coeficientes de seguridad a utilizarse en la aplicación de los estados límites.

Realizando una comparación entre el coeficiente de variación de la función Y_2 a partir de los resultados del obtenido por el método de Monte Carlo y el determinado por el método del desarrollo de series de Taylor, se evidencia que ambos métodos coinciden con resultados similares. Asumiendo que el coeficiente de variación de la carga permanente que actúa sobre la conexión es de 0.1, se obtiene la curva de Nivel de seguridad vs. Coeficiente de seguridad (figura 1.11).

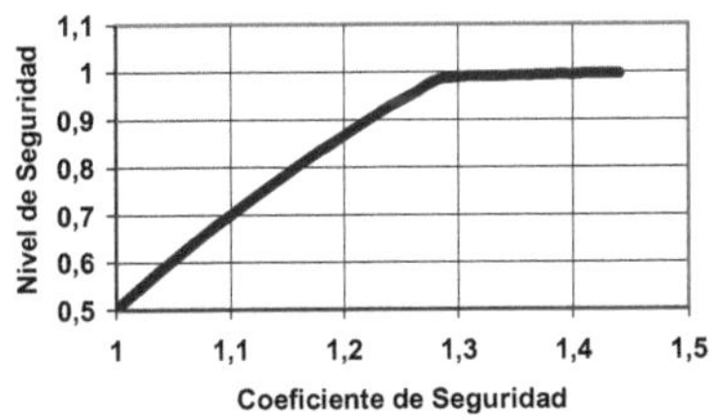

Figura 1.11 Relación entre H y K para el caso estudiado.

La finalidad de esta investigación, donde se conjugan las técnicas numéricas, la modelación estocástica y la teoría de seguridad, es mostrar una factible tendencia de estudio, que posibilite la investigación de diversos fenómenos de ingeniería, en este caso se aborda el tema de los conectores metálicos.

Precisamente a partir de todos estos trabajos se comienza la presente investigación, tratando de integrar en una metodología estos dos aspectos fundamentales para el diseño y construcción de la estructura, la modelación y el diseño, ahora ambos elementos considerados sobre bases probabilistas, de aquí que emerjan las siguientes conclusiones referentes a este capítulo.

1.9 Conclusiones parciales.

Después de analizadas las variantes de modelación matemática de problemas ingenieriles, específicamente los que se refieren a problemas geotécnicos, así como los métodos de diseño probabilistas, tomando como insignia la Teoría de la Seguridad, se arriba a las siguientes conclusiones parciales:

1. Se puede afirmar que existe una metodología general para la aplicación de métodos probabilísticos en el diseño geotécnico, esta se basa en la calibración del sistema de coeficientes de seguridad a utilizar en los diseños geotécnicos por el M.E.L., y define que la seguridad de diseño sea igual o mayor a la seguridad requerida para las condiciones más críticas del problema analizado; dejando sentadas las bases para su posterior aplicación en esta investigación.

2. La experiencia en nuestro país, en el tema de la modelación a favor de la solución de problemas ingenieriles, ha permitido que tanto cargas, modelos constitutivos del suelo, así como los métodos de solución a emplear, resulten bien estudiados y definidos para cada caso; de aquí que se haya tomado el modelo de Mohr Coulomb para simular el comportamiento del suelo; y se solucione el problema mediante métodos probabilistas, tomando como base la caracterización estadística existente de las variables consideradas como aleatorias.

3. Se propone el uso de una metodología para llevar a cabo un proceso de modelación estocástica, basada en diseñar el modelo, especificar distribuciones de probabilidad para las variables aleatorias relevantes, muestrear estos valores, calcular y registrar el resultado del modelo, repitiendo el proceso hasta obtener una muestra estadísticamente representativa, a la cual se le realiza el análisis estadístico descriptivo.

4. Para el muestreo de las variables se empleará el Método de Monte Carlo, este es un proceso computacional que utiliza números aleatorios para derivar una salida. Se asignan distribuciones de probabilidad a alguna o todas las variables de entrada, lo cual generará una distribución de probabilidad para una salida, después de una corrida de la simulación.

5. En trabajos recientes que abordan el tema de la modelación estocástica empleando el Método de Simulación de Monte Carlo, se obtienen resultados más eficientes que los que usan modelos deterministas, lo cual demuestra la factibilidad en el uso de estos métodos, sin embargo, actualmente no se cuenta con una metodología integral que logre combinar ambas

teorías, de aquí que estos trabajos solo servirán de base para la implementación de una verdadera modelación estocástica en un problema ingenieril.

Capítulo 2. Modelación Estocástica Convencional de Problemas Ingenieriles

2.1 Principios de la Modelación Estocástica.

La totalidad de los autores consultados coinciden en que la modelación estocástica de cualquier problema ingenieril depende de dos factores ya mencionados, el riesgo y la incertidumbre, ambos se describen mediante distribuciones de probabilidad y para lo cual es imprescindible la elección al azar de las variables que inciden en el problema, de aquí que se pueda reflejar mediante estos parámetros el carácter estocástico de cualquier sistema analizado (Phoon, 2006).

El riesgo es un efecto aleatorio propio del sistema bajo análisis y se puede reducir alterando el sistema y la incertidumbre es el nivel de ignorancia acerca de los parámetros que caracterizan el sistema a modelar, esta se puede reducir con mediciones adicionales, mayor estudio o consulta a expertos, de aquí que los resultados obtenidos de la combinación de ambos reflejará lo que se denomina variabilidad total del sistema, o sea el efecto conjunto de ambos parámetros.

Separar el riesgo de la incertidumbre permite entender qué pasos podrían tomarse y que sean más efectivos para reducir la variabilidad total. Si una proporción importante de la variabilidad total se debe a incertidumbre, entonces nuestra estimación acerca del futuro podría mejorarse recopilando mejor información, mientras que si una proporción importante de la variabilidad total se debiera a riesgo, la única manera de reducir la variabilidad total es modificando el sistema analizado.

Un proceso bastante eficiente para enfrentar la modelación estocástica de cualquier problema ingenieril será aquel que aborde todos los puntos necesarios para garantizar una correcta modelación y un adecuado control de los resultados obtenidos bajo la misma, dicho procedimiento debe exponer correctamente los principios fundamentales de una modelación estocástica; por lo tanto, luego de consultar algunos autores, puede sintetizarse un buen procedimiento consecuente con los objetivos que se persiguen en esta investigación:

1. Se diseñará el modelo lógico de decisión.

2. Se especificará que tipo de distribución de probabilidad sigue cada variable aleatoria, incluyéndose las posibles dependencias entre las mismas.

3. Se deberán muestrear los valores de cada variable aleatoria, repitiéndose el proceso hasta obtener una muestra estadísticamente representativa.

4. Se obtendrá la distribución de frecuencias del resultado de las iteraciones y se determinan la media, desvío y curva de percentiles acumulados.

2.1.1 Diseñar el modelo lógico de decisión.

El modelo es una herramienta de análisis que presentará claramente la estructura lógica y los supuestos empleados para el problema, en este se incluirán solamente las estadísticas y gráficos necesarios para transmitir conceptos, asimismo los resultados obtenidos deben responder a los interrogantes planteadas.

Es importante tener en cuenta en el modelo que se plantea, que cuanto mayor sea el tamaño de la muestra, mayor será el ajuste entre la distribución muestral y la distribución teórica sobre la que se basa la muestra, esto es conocido como la Ley de los Grandes Números o desigualdad de Tschebycheff. Por otra parte se debe considerar de antemano que la media muestral de un conjunto de n variables muestreadas en forma independiente a partir de una misma distribución f(x) se ajusta a una distribución aproximadamente Normal, así como la suma y el producto de n variables aleatorias independientes genera como resultado una distribución Normal y Lognormal respectivamente, sin importar la forma de la distribución de las variables que intervienen, siempre y cuando no haya una variable cuya contribución a la variabilidad total no sea dominante, esto no es más que el Teorema Central del Límite. (Phoon, 2006)

2.1.2 Tipos de Distribución y Dependencia entre variables.

De acuerdo al tipo de problema en análisis se definirá el tipo de distribución de probabilidades a emplear, conceptualmente esto no es más que una forma de cuantificar la incertidumbre en variables aleatorias ya sea mediante Series de datos o a través de la Opinión de expertos, cuando se procura caracterizar una variable aleatoria a partir de los datos disponibles se parte del supuesto que los datos observados son una muestra aleatoria de una distribución de probabilidad que trataremos de identificar.

Existen muchos tipos de distribución de probabilidades, las más usadas son las distribuciones continuas Normal y Lognormal, las cuales para el caso de la Ingeniería geotécnica simulan la mayoría de los problemas que surgen en la práctica. Gran cantidad de variables geotécnicas son caracterizadas estadísticamente por distribuciones de tipo normal y lognormal, lo cual indica un alto grado de conocimiento en cuanto al comportamiento estadísticos de estos parámetros; en nuestro país en los trabajos de Quevedo (2002), González (1997); Ibáñez (2001), entre otros, se encuentran temas que corroboran, para las condiciones nacionales, que muchas de estas variables se comportan estadísticamente de esta manera, o sea, con dichas distribuciones de probabilidad.

Un paso importante en este punto consiste en una correcta caracterización del problema, de manera que se tenga en cuenta la posible dependencia entre cada una de las variables que han sido tomadas en cuenta, lo cual garantizará una correcta simulación y por tanto un resultado satisfactorio.

2.1.3 Muestreo de los valores de cada variable aleatoria.

Las computadoras son capaces de generar números aleatorios entre 0 y 1, los algoritmos para generar números aleatorios comienzan con cualquier valor entre 0 y 1, donde todos los números aleatorios que se generen posteriormente dependerán de este valor inicial llamado Semilla.

La función de Distribución Acumulada $F(x)$ de una variable aleatoria indica la probabilidad p que la variable X tome un valor menor o igual que x. $F(x) = p\ (X \leq x)$. A toda Función de Probabilidad Acumulada $F(x)$ le corresponde una Función Inversa $G\ (F(x)) = x$, la cual indica los valores de x asociados a distintos valores de $F(x)$.

Por lo tanto para generar un valor muestral a partir de una distribución de probabilidad se deberá primeramente generar un número aleatorio entre 0 y 1 partiendo de una distribución Uniforme, el valor obtenido se usa para alimentar la ecuación correspondiente a la Función Inversa de la distribución de probabilidad muestreada, de modo que se pueda generar un valor x para la variable aleatoria. Esto proceso se hace a través de distintos métodos como pueden ser El método de Monte Carlo, el método del Hipercubo latino, el muestreo descriptivo, etc., todos con excelentes resultados durante años en la aplicación a problemas ingenieriles.

El muestreo Monte Carlo, empleado en esta investigación, es totalmente aleatorio, si el número de iteraciones no es lo suficientemente alto, es posible que se sobremuestreen algunos segmentos de la distribución que se quiere replicar y se submuestreen otros segmentos, en este método se generan números aleatorios en función del tipo de distribución que siga cada variable y se comprueba mediante técnicas existentes la aleatoriedad o bondad de ajuste de los datos simulados siendo, las más empleadas el Método Chi Cuadrado, el Método de Kolmogorov Smirnov y el Método Anderson Darling, los cuales en su mayoría han sido analizados en el capitulo anterior.

2.1.4 Distribución de frecuencias Resultante y determinación de estadígrafos acumulados.

Finalmente la frecuencia acumulada de los datos observados es ploteada a través de un ranking de los datos en orden ascendente, se estima un mínimo y un máximo en forma subjetiva y se calcula la probabilidad acumulada para cada valor de x según la fórmula:

$$F(x_i) = \frac{i}{n+1} \qquad\qquad [2.1]$$

Donde:

i = rango del dato observado

n = cantidad de datos observados

Siendo {xi}, {F(xi)}, min y max los parámetros usados para definir una distribución Acumulada. Finalmente se calculará la media, desvío y curva de los percentiles acumulados.

2.1.5 Análisis de los softwares existentes para la realización de la modelación estocástica convencional y su aplicación a la investigación en curso.

La modelación estocástica de un problema ingenieril, como se ha planteado, se define a partir del tratamiento de las variables como aleatorias, se parte de parámetros conocidos como la función de distribución de probabilidades y se obtiene una serie de números aleatorios que se ajusten lo más próximo posible a dicha función, esta idea parte del Método de Monte Carlo, el cual según Quevedo y Recarey (2005), representa una forma más elegante de pasar, de una metodología de análisis determinista a una más racional y completa como lo es un análisis estocástico (Ripley, 1987; Shinozuka, 2003), por lo tanto, es evidente que para realizar todo este proceso se necesita un software que sea capaz de implementar el mismo con eficiencia y en tiempos óptimos de ejecución.

En la actualidad mundial existe una gran variedad de softwares que realizan la modelación de muchos problemas que se presentan cada día en el mundo real, por lo que cada uno de ellos cubre un determinado tipo de necesidad. Algunos ejemplos de estos programas son el SIGMA, ABACUS, PLAXIS, STAAD PRO, SAAP, etc. Elegir el más eficiente dependerá de la capacidad de analizar profundamente los requisitos específicos del problema a modelar. Cada software presenta ventajas y desventajas, es por ello necesario que el usuario tome en cuenta el problema en estudio y cual será el que mejor se adapte a sus necesidades específicas.

Por otra parte, en la búsqueda por encontrar herramientas con potencialidades en cuanto a la generación de números aleatorios, se ha encontrado que gran cantidad de autores han tratado de utilizar hojas de cálculo para realizar simulaciones Monte Carlo. Las potencialidades de estas residen en su universalidad, en su facilidad de uso, en su capacidad para recalcular valores y sobre todo, en las posibilidades que ofrecen con respecto al análisis de escenarios ("what-if anaylisis"). Las últimas versiones de Excel, a través de el Visual Basic for Applications, permiten crear auténticas aplicaciones de simulación destinadas a resolver problemas más específicos. Existen además varios complementos de Excel (Add-Ins) diseñados para realizar simulaciones mediante Monte Carlo, siendo algunos de los más conocidos: Risk, Crystall Ball-2000, Simulación 4.0, Simular, Formlist.xla, SimTools.xla, entre otros.

Sin embargo, sin contar con programas altamente profesionales y muy potentes como el Crystal Ball Professional 2000 (Centeno, 2002), el cual trabaja con modelos dinámicos, permitiendo resolver gran cantidad de problemas que involucran incertidumbre, variabilidad y riesgo y diseñado además para realizar análisis de sensibilidad, uno de los más simples y eficientes es SIMULACION 4.0, este último está totalmente desarrollado en VBA (Visual Basic for Applications) y es compatible con Excel 97 y superiores. Su finalidad es brindar una herramienta de simulación flexible y de sencillo uso. Este software tiene entre sus ventajas que realiza de 1 a 65,000 iteraciones, permite hasta 150 variables aleatorias (Inputs) y 20 variables de resultados (Outputs), realiza detección de distribución aproximada para una serie de datos conocida y permite definir correlaciones entre variables aleatorias.

Por último, es preciso comentar que el software profesional *Mathcad*, entre sus funciones, cuenta con la posibilidad de realizar generación aleatoria mediante el método de inversión, a través de la función "rnorm", generándose resultados mucho más precisos que con el resto de estos softwares, que realizan aproximadamente las mismas operaciones y que, aunque pudieran ser utilizados de igual manera en este tipo de problemas, no presentan la ventaja de poder integrar en una sola hoja de cálculo, todo el procedimiento requerido para esta investigación, de aquí que se considere a este último como el más útil para este fin, debido a que además de que utiliza el método de inversión de momento para generar números aleatorios, cuenta con una interfase sencilla y permite organizar la información tal y como se requiere para resolver problemas de este tipo.

2.2 Caracterización Estadística de las Variables a Obtener.

La presente investigación inherente a la modelación estocástica de problemas ingenieriles se basa, mayoritariamente, en el estudio de los métodos de análisis mediante técnicas probabilísticas vinculados al diseño mediante métodos también probabilistas, todo esto, integrado en una sola metodología, de manera que se puedan llevar a cabo diseños con un menor grado de incertidumbre y en tiempo mínimo de procesamiento de los resultados, de aquí que el interés fundamental esté centrado en como implementar estas temáticas y en la forma de integrar ambos conceptos, de manera que el modelo a utilizar servirá únicamente para evaluar los resultados de la aplicación de la metodología en un problema práctico ingenieril.

Independientemente a lo planteado con anterioridad, esto no deja de cobrar importancia debido a que con el empleo del mismo se podrá analizar el comportamiento de las variables bajo esta nueva forma de análisis, por cuanto, resulta notable destacar que la solución del problema se puede abordar por innumerables vías, siempre y cuando el modelo propuesto, que ya propiamente es una simplificación del problema real, sea soluble ya sea mediante simplificaciones, haciendo uso de métodos analíticos o mediante el uso de softwares que trabajen con métodos numéricos (Ibáñez, 2001).

Con el fin de alcanzar este objetivo es necesario, primeramente, establecer los parámetros del modelo general, esto se traduce en la caracterización estadística de las variables a obtener, lo cual resulta definitivo para el posterior desarrollo de la investigación, se analizarán dos cuestiones obvias e imprescindibles, ellas son las cargas y el material, en ambos se hace un análisis detallado, tal y como se explica a continuación.

2.2.1 Caracterización Estadística de las Cargas.

Para realizar un análisis detallado de las cargas en el modelo propuesto se precisa, como cuestión fundamental, de una correcta caracterización estadística de las mismas, debido a que, como se ha explicado en esta investigación, lo que realmente interesa no es el modelo propiamente sino el procedimiento matemático computacional integrador, el cual será la herramienta a aplicar sobre este modelo, y precisamente en este procedimiento se parte de un análisis de variables, en el cual está implícito el de las cargas.

Para ello se tomarán los resultados de la experiencia mundial, debido a que en nuestro país solo se han realizado investigaciones encaminadas a la caracterización estadística de la carga de viento extremo. En trabajos precedentes (Quevedo, 1987), se determinó, a partir del análisis de la literatura internacional, los valores de los coeficientes de variación de los distintos tipos de cargas que intervienen en los diseños, los cuales han sido corroborados con resultados obtenidos de investigaciones recientes sobre el tema (Eurocódigo1, 1997; Hospitaler 1997), estos valores se aprecian en la tabla 2.1.

Tipo de carga	Coeficiente de Variación
Carga muerta (CM)	$v_{cm} = 0.1$
Carga viva (CV)	$v_{cv} = 0.25$
Carga temporal especial de viento. (CTE_{viento})	$v_{cteviento} = 0.31$

Tabla 2.1 Valores de los coeficientes de variación de las cargas actuantes.

La carga temporal especial de sismo, dada su complejidad, ha sido muy poco estudiada, pero en trabajos recientes (Sánchez, 2002) se ha logrado valorar gran parte de la información existente y se ha propuesto como valor recomendado para el coeficiente de variación de dicha carga $v_{ctesismo}$ el de 0.25.

Inicialmente, en esta investigación, se ha analizado la carga permanente, actuando centradamente en la cimentación, lo cual puede ser un caso real de solicitación para cualquier diseño geotécnico. En la literatura consultada se afirma que este tipo de carga presenta una distribución normal (Quevedo, 1988; Quevedo, 1987, Quevedo, 2002), por supuesto que en estos trabajos anteriores solo se habían tratado éstas para realizar análisis de seguridad aplicados a diversos problemas ingenieriles, en los cuales es imprescindible definir su coeficiente de variación a fin de determinar la función de las cargas actuantes Y_1^*. Ahora en este trabajo se mantienen estas consideraciones, específicamente para la fase de diseño o aplicación de la Teoría de la seguridad, tratándose la misma como variable aleatoria, sin embargo esta variable también juega un papel importante en la fase de análisis o modelación estocástica del problema, donde se considera como variable determinista o exacta.

2.2.2 Caracterización Estadística de las propiedades de los suelos.

Además de la caracterización estadística de la carga actuante, será necesario para complementar el estudio, tener caracterizadas la totalidad de variables que son consideradas aleatorias en los análisis, que para el caso del diseño geotécnico, como ya se planteó, son, además de las cargas actuantes, todas las propiedades del suelo.

Gran número de investigaciones en el mundo abordan el estudio desde el punto de vista estadístico de las principales propiedades de los suelos (Becker, 1996; Blazquez, 1984; Cherubini, 1993; Ignatova, 1977; Orr, 1999), en nuestro país también se encuentran trabajos en esta dirección (Quevedo 1987; Mestre 1994, 1997), los cuales permiten obtener suficiente información para la caracterización estadística de dichas propiedades, necesaria para la aplicación de los métodos probabilísticos.

Para el caso de los suelos predominantemente cohesivos en Cuba, se realizó un amplio estudio de la variabilidad de su resistencia a cortante, definida por el ángulo de fricción interna y la cohesión, y de su peso específico (Quevedo, 1987), donde se arribaron a resultados coincidentes con los reportados de la literatura internacional (Becker, 1996; Blazquez, 1984; Cherubini, 1993; Ignatova 1977; Orr 1999), pudiéndose resumir los intervalos de variación de esos coeficientes en la tabla 2.2.

Propiedad del suelo	Intervalo del coeficiente de variación
Peso específico (γ)	$V\gamma = 0.05$
Ángulo de fricción interna (φ)	$v_{tg\varphi} = 0.07 - 0.26$
Cohesión (C)	$v_c = 0.138 - 0.336$

Tabla 2.2 Valores de los coeficientes de variación para suelos cohesivos.

Para el caso de los suelos predominantemente friccionales, dada las características de los mismos y lo difícil que resulta obtener muestras inalteradas para su estudio en el laboratorio, la información internacional no es tan amplia (Jiménez, 1981; Blázquez, 1984; Ignatova, 1984; Schultzer, 1985), existiendo en Cuba escasa información proveniente de algunos estudios de campo (Mestre, 1994, González, 1997). Estos resultados se resumen en investigaciones recientes realizadas en el país (González, 1997, Quevedo, 2002), recomendándose, de acuerdo al criterio de varios autores, los siguientes valores dados en la tabla 2.3.

Autor	Intervalo del coeficiente de variación
Jiménez Salas (1981)	$v_{tg\varphi} = 0.1\sim0.15$
Ignatova (1970)	$v_{tg\varphi} = 0.1$
Ignatova (1984)	$v_{tg\varphi} = 0.03 - 0.08$
Blázquez (1984)	$v_{tg\varphi} = 0.05\sim0.15$
Cherubini (1993); Manoliu (1993); Meyerhof (1993)	$v_{tg\varphi} = 0.05 \sim 0.25$

Tabla 2.3 Valores de coeficientes de variación para suelos friccionales.

Teniendo en cuenta estos valores se plantea en González (2000), que de estos, los más acertados, según se demostró a posteriori en la práctica, son los propuestos por Schultzer (1985), este subdivide los suelos friccionales en dos tipos, arenosos ($\varphi \leq 30°$) y arenosos - gravosos ($\varphi > 30°$), para los primeros recomienda un $v_{tg\varphi} = 0.073$ y a los segundos un $v_{tg\varphi} = 0.053$.

Finalmente y partiendo de los criterios expuestos anteriormente, se definen en González (1997) y Quevedo (2002), los valores definitivos para los intervalos de coeficientes de variación de cada una de las propiedades del suelo, estos son mostrados en la tabla 2.4.

Propiedad del suelo	Intervalo del coeficiente de variación
Peso específico γ	$V\gamma = 0.05$
Ángulo de fricción interna $\varphi \leq 30$	$V_{tg\varphi} = 0.03 - 0.1$
Ángulo de fricción interna $\varphi > 30$	$v_{tg\varphi} = 0.03 - 0.08$

Tabla 2.4 Resumen de los coeficientes de variación para suelos friccionales.

Por último, resulta importante destacar en este epígrafe, que para el modelo propuesto como ejemplo de análisis en este trabajo se utilizarán, como se ha explicado, las características más simples de un modelo clásico de suelo, esta decisión coincide con los criterios en cuanto a exactitud de los resultados que expone Rojas (2000). Este plantea que un modelo, lo más simple posible, de hecho genera resultados más eficientes que otro con gran número de parámetros, aunque este último implique una gama más amplia en cuanto a tipos de suelo y solicitaciones (Rojas, 2000), de aquí que teniendo en cuenta estas consideraciones se proponga el uso de un modelo elasto – plástico, específicamente con un criterio de falla de Mohr - Coulomb, el mismo se adapta perfectamente al comportamiento del material analizado en inminente falla, y es un modelo relativamente simple en cuanto a la entrada de parámetros, aunque debe tratarse con precaución, de esta manera se obtienen con él resultados muy favorables (Rojas, 2000 y SIGMA/W, 1995).

2.3 Formulación Matemática para la Caracterización Estadística de Funciones.

Para aplicar exitosamente el procedimiento que se propone en esta investigación resulta obvio y necesario realizar una caracterización estadística de la función Y, lo que en dependencia de la complejidad de las funciones que la componen, Y_1 y Y_2, puede resultar más o menos dificultoso, utilizándose en la práctica para ello los siguientes métodos (Blázquez, 1984; Ignatova, 1980; Quevedo, 1987):

- Método de Montecarlo.
- Método de Rosenblueth.
- Método de desarrollo en serie de Taylor.

Para ofrecer una síntesis del Método de Monte Carlo, debido a que este método será detallado en el epígrafe posterior, se comenzará planteando que en el mismo se simula primeramente la variable aleatoria Y, calculando después su función de distribución, para esto se requiere generar series de números aleatorios con una distribución conocida. Este presenta algunas desventajas relacionadas con la incorporación de la correlación entre variables presentes en los diseños geotécnicos y el elevado tamaño de las muestras que se necesitan (más de 1000), para poder considéralas representativas y que el resultado sea fiable, aunque esto último está siendo superado debido al desarrollo de la informática.

El método de Ronseblueth se basa en sustituir la función de la densidad real de la variable aleatoria por una función discreta equivalente, de forma tal que los cuatro primeros momentos de ambas distribuciones sean idénticos. Este método, para su aplicación, requiere de la solución de un sistema de cuatro ecuaciones con cuatro incógnitas, lo cual en la mayoría de los casos prácticos resulta ser complejo, limitándose su utilización a problemas de dos o más variables independientes y continuas, donde el propio autor del método ha obtenido la solución de dicho sistema y resulta fácil su aplicación. Quevedo (2002) plantea que, debido a las limitaciones anteriores, es evidente que para el caso de los diseños geotécnicos no conviene utilizarlo.

El método de desarrollo en series de Taylor, que algunos autores lo conocen como el método de linealización de la función y aplicación del teorema general de la desviación (Ignatova, 1980; Ignatova, 1984; Quevedo, 1988), se basa en sustituir la función de n variables por su desarrollo en serie de Taylor, alrededor de los puntos medios de las mismas, en este se combinan la linealización de la función con la aplicación del teorema general de la desviación, obteniéndose la siguiente solución:

$$Y = f(x_i) \qquad [2.2] \qquad \sigma_Y^2 = \Sigma \left(\frac{\partial Y}{\partial x_i} \right)^2 \sigma_{xi}^2 \qquad [2.2]$$

La ecuación [2.2] es aplicable a cualquier función, siempre que todas las variables de las que esta depende sean independientes. En el caso del diseño geotécnico ocurre con frecuencia que tenemos que enfrentarnos a funciones de las cargas resistentes Y_2, que son dependientes de varias variables aleatorias x_i y dos de ellas están correlacionadas entre sí, x_{n-1} y x_n, como son: los parámetros ángulo de fricción interna φ y la cohesión del suelo (C), que definen la resistencia a cortante del suelo. Si se conoce el coeficiente de correlación entre ambas variables $r_{xn-1,xn}$ se puede generalizar la ecuación [2.2] para dar solución a este complejo caso.

$$Y = f(x_i; x_{n-1} \, y \, x_n \, correlacionadas) \qquad [2.3]$$

$$\sigma_Y^2 = \Sigma \left(\frac{\partial y}{\partial x_i} \right)^2 \sigma_{xi}^2 - 2 \left(\frac{\partial y}{\partial x_{n-1}} \right) \sigma_{xn-1} \cdot \left(\frac{\partial y}{\partial x_n} \right) \sigma_{xn} \cdot r_{xn-1,xn} \qquad [2.4]$$

Definidos los procedimientos para la determinación σ_y para cualquiera de las formas en que pueda quedar planteada la función Y, la obtención de $\upsilon_{Y1,Y2}$ se realiza dividiendo este resultado por los valores medios de estos parámetros.

Este método ha dado buenos resultados cuando los coeficientes de variación de las variables que intervienen en el diseño no son muy elevados, válido para los problemas ingenieriles analizados, y es factible encontrar las derivadas de la función resultante con respecto a cada una de las variables aleatorias. En su formulación, no contempla la posibilidad de analizar funciones donde existan dos variables correlacionadas (González, 1997), ni parámetros que sean a su vez resultados de la división de dos variables aleatorias, como es el caso de la excentricidad de la carga, pero a partir de su concepción general resulta posible resolver los problemas anteriores.

No obstante a la complejidad matemática que implica la obtención de las derivadas de la función resultante con respecto a cada variable aleatoria, este resulta un método factible a utilizar para la solución de complejos problemas ingenieriles (Quevedo, 1987, Quevedo, 1999, Quevedo, 2002).

2.4 Método de Simulación por Monte Carlo. Análisis comparativo de resultados.

Como ya se ha planteado, los métodos Monte Carlo son cálculos numéricos que utilizan una secuencia de números aleatorios para llevar a cabo una simulación estadística, con el fin de conocer algunas propiedades estadísticas del sistema. Estos métodos de simulación están en contraste con los métodos numéricos de discretización, aplicados para resolver ecuaciones diferenciales parciales que describen el comportamiento de algún sistema físico o matemático. (Webster y Sue, 2004)

Con estos métodos sólo se requiere que el sistema físico o matemático pueda ser descrito mediante una función de densidad de probabilidad, la cual una vez sea postulada o conocida, se requiere una forma rápida y efectiva para generar números aleatorios con esa distribución, y así se inicia la simulación haciendo muestreos aleatorios de la misma. Después de múltiples simulaciones, el resultado deseado se toma como el valor promedio de los resultados obtenidos en cada simulación (Fig. 2.1). En muchas aplicaciones prácticas se puede predecir un error estadístico (varianza) para este promedio y por tanto una estimación del número de simulaciones necesarias para conseguir un error dado. De entre todos los métodos numéricos basados en evaluación de n organismos en espacios de dimensión r, los métodos de Monte Carlo tienen asociado un error absoluto de estimación que decrece, mientras que para el resto de los métodos tal error decrece en mucha mayor cuantía que en este.(Webster y Sue, 2004).

Los métodos Monte Carlo se usan para simular procesos aleatorios o estocásticos, dado que ellos pueden ser descritos como funciones de densidad de probabilidad, aunque con algunas restricciones, ya que muchas aplicaciones no tienen aparente contenido estocástico, tal como la inversión de un sistema de ecuaciones lineales.

Una cuestión necesaria cuando no se cuenta con la experiencia de trabajos anteriores puede resultar la determinación del tamaño muestral del experimento de simulación (n), es decir el número de veces que se observa el proceso, este influye esencialmente en la precisión de la estimación y dado que la precisión de las estimaciones aumenta en proporción directa a pn, es necesario tomar un tamaño de muestra suficientemente grande si se quiere obtener cierta precisión.

En principio, si en un proceso la variable x_i se puede observar n veces (n > 30), los estimadores muestrales de la media y la varianza se pueden obtener por expresiones conocidas, luego por el teorema del límite central, se tiene que la distribución muestral de una variable aleatoria tiende a una distribución normal (Z) para una muestra suficientemente grande y la desigualdad de Tchebychev proporciona una cota para la probabilidad de que una variable aleatoria X asuma un valor dentro de k desviaciones estándar alrededor de la media (k >1). Las k desviaciones son entonces definidas por la distribución de probabilidades normal para un α determinado. Por lo tanto, el intervalo de confianza será:

$$\left[\overline{X} - Z_{\alpha/2}\,\frac{S}{n},\, \overline{X} + Z_{\alpha/2}\,\frac{S}{n} \right] \qquad [2.5]$$

Cuya amplitud es $2Z_{\alpha/2}\,\dfrac{S}{n}$, con un nivel de confianza $(1-\alpha)$, de aquí que si se fija como valor aceptable del nivel de confianza $(1-\alpha)$, se determina un valor máximo para ε, entonces despejando n quedaría:

$$2Z_{\alpha/2}\,\frac{S}{\sqrt{\varepsilon}} \leq n \qquad [2.6]$$

De esta manera, a partir de una muestra piloto suficientemente grande (n > 30), se obtiene una estimación de la varianza de los datos, y de esta forma se puede obtener el tamaño de muestra necesaria para obtener estimadores precisos, dados un nivel de confianza y un error permisible para $\overline{X}$.

Considerando que el número de corridas a realizar garantizará un error permisible, ya sea a través de su determinación o a través de la experiencia heurística, se precisa de la generación de números aleatorios. Algunos métodos de generación de números aleatorios se basan en el uso de mecanismos físicos, por ejemplo: el ruido blanco producido por circuitos electrónicos, el recuento de partículas emitidas, el lanzamiento de monedas, etc. El uso de estos mecanismos es poco conveniente, ya que puede presentar sesgo y dependencias; además, una fuente de números aleatorios debe ser reproducible de manera que puedan hacerse réplicas de los experimentos en las mismas condiciones, lo cual implicaría el almacenamiento de los números, que conlleva al posible problema de límite de memoria y lentitud de acceso a los datos. (Webster y Sue, 2004)

Otro método para generar números aleatorios es mediante el uso de algoritmos de computador, a pesar de que en principio los computadores son máquinas determinísticas incapaces por si solas de un comportamiento aleatorio. Existen diversos algoritmos de generación de números aleatorios o pseudo–aleatorios, donde la idea es producir números que parezcan aleatorios, empleando las operaciones aritméticas del computador, partiendo de una semilla inicial. Se busca que la serie generada sea independiente, su generación sea rápida, consuma poca memoria, sea portable, sencilla de implementar, reproducible y suficientemente larga, de estos métodos así como del contraste exigido para las propiedades estadísticas de la salida ya se ha hablado en el capitulo anterior, solo falta resaltar una clasificación hecha en Webster y Sue (2004) de los algoritmos de generación, dada como:

⬦ Generadores congruenciales, siguen la formula recursiva:

$$x_{n+1} = \left(ax_n + b\right)\bmod m \qquad\qquad [2.7]$$

Donde:

a es el multiplicador, b el sesgo, m el módulo y x_0 la semilla.

Aquí a y b son constantes en el intervalo (0, 1,. . ., m − 1), el módulo m se refiere al residuo de la división entera por m; el período de la serie es m − 1. Una adecuada selección de los parámetros a, b y m generan una sucesión de números suficientemente larga y aleatoria. Estos generadores tienen dos ciclos y la longitud del ciclo depende de los parámetros. Un generador congruencial estándar debe ser de período máximo y su implementación eficiente debe poder ser realizada en aritmética de 32 bits.

⬦ De registro de desplazamiento, son recursivos múltiples o lineales de orden mayor.

$$x = \left(a_1 x_{n-1} + ... + a_k x_{n-k}\right)\bmod m \qquad\qquad [2.8]$$

⬦ De Fibonacci retardados, parten de la semilla inicial $x_1, x_2, x_3, ...$ y usan la recursión:

$$x_{i1} = x_{i-r}\Delta x_{i-s} \qquad\qquad [2.9]$$

Donde:

r y s son retardos enteros que satisfacen $r \geq s$,

Δ es una operación binaria que puede ser suma, resta, multiplicación, etc.

⬦ No lineales, para introducir no linealidad se usa un generador con función de transición lineal, produciendo la salida mediante una transformación no lineal del estado, o usando un generador con función de transición no lineal. No producen estructura reticular, sino una estructura altamente no lineal.

➔ Combinación de generadores (empíricos); por ejemplo, si se tienen dos sucesiones aleatorias se puede generar una nueva sucesión combinando los elementos correspondientes de ambas mediante una operación binaria. Los números aleatorios así generados tienen la forma $u_n = x_n/m$, con distribución uniforme en el intervalo $(0, m)$. Estas series pueden ser escaladas dividiendo cada término entre m para obtener números uniformemente distribuidos en el intervalo $(0,1)$. A partir de esta distribución se pueden generar series de números aleatorios con la distribución deseada.

De esta clasificación parten todos los métodos específicos de generación de números aleatorios y de lo cuales ya se ha tratado en el capitulo anterior, incluso para los que trabajan con una distribución especifica de probabilidades como la normal, uniforme, binomial, etc. En la figura 2.1 se muestra acertadamente una variante de caracterización estadística de una función por el método de Monte Carlo.

Otra cuestión importante en la simulación de Monte Carlo radica en el análisis de la correlación entre variables, esta relación de dependencia ocurre cuando el valor muestreado de una variable (independiente) tiene una relación estadística que determina aproximadamente el valor que va a ser generado para la otra variable (dependiente). La correlación no presupone una relación causal o sea que puede haber un factor externo que afecta a ambas variables.

Existen para este tipo de análisis dos métodos muy usados para medir correlación entre variables, el método de Spearman y el de Pearson, en este último se supone una relación lineal entre las variables, el coeficiente r proporciona una medida de la covarianza entre dos conjuntos de datos, puede tomar valores desde -1 a +1, de aquí que al dividir por los desvíos standard de cada conjunto de datos se logra un índice de covarianza que no depende de las unidades de medida en que están expresados los datos.

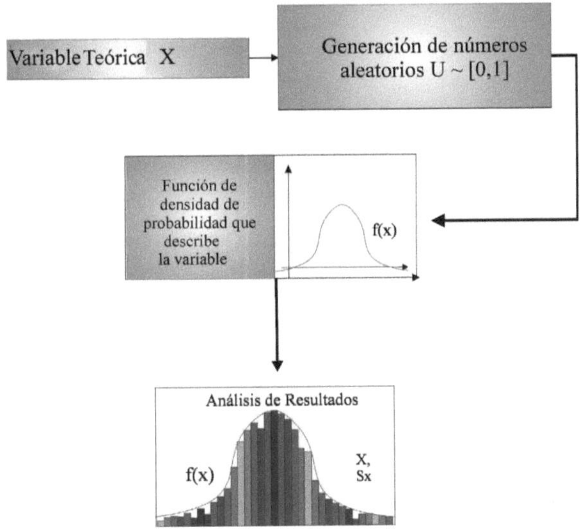

Figura 2.1 Método de Simulación de Monte Carlo para una función F(x).

Por otra parte, la correlación por orden de rango (Spearman), se emplea para cuantificar la relación entre variables, en este las variables se correlacionan de acuerdo al rango de valores generados en cada distribución, esto significa que todas las distribuciones correlacionadas preservan su forma original, por lo que como no depende de supuestos acerca de la relación matemática de las variables a correlacionar, puede ser aplicable a cualquier tipo de relación entre distribuciones (lineal, no lineal).

El coeficiente de correlación de Pearson mide la intensidad de la relación lineal entre variables, si dos variables aleatorias no tienen la misma distribución de probabilidad, es improbable que se relacionen en forma lineal, por lo que el coeficiente de correlación tendrá poco significado, luego si se toman los valores según rangos y no según valores absolutos, el coeficiente de correlación así calculado tiene sentido incluso para variables con diferentes distribuciones. Las desventajas de este método radican en lo difícil que resulta estimar el coeficiente de correlación entre dos distribuciones de formas diferentes. El mismo coeficiente de correlación puede resultar en diferentes gráficos de puntos para diferentes distribuciones correlacionadas. Esto puede ser aún más marcado si las distribuciones a correlacionar son diferentes. Por lo tanto se deben usar estos coeficientes para correlacionar variables que tengan un impacto menor sobre los resultados del modelo así como se deberá evitar correlacionar distribuciones cuando no haya una razón lógica que permita suponer una correlación.

En el caso de simulaciones estadísticas se utilizan las llamadas matrices de correlación, estas permiten correlacionar varias distribuciones de probabilidad mediante coeficientes de Spearman. Como la fórmula de los coeficientes de correlación por orden de rango es simétrica, los elementos de la matriz son simétricos alrededor de la diagonal, además debe haber cierta lógica en los coeficientes ingresados.

Por último es de interés realizar un análisis comparativo de este método con respecto a los anteriores ya que el mismo presenta ventajas y desventajas, por ejemplo, este suele ser muy útil cuando se tratan de solucionar problemas ingenieriles extremadamente complejos y en los cuales se requiere una aproximación exacta a la solución, para lo cual el mismo, como ya se ha planteado, reduce su error en la medida que se aumente el tamaño de las corridas a realizar, mientras que los demás se alejan numéricamente del mismo en la determinación de este error, por otra parte el resto de los métodos se fundamentan en la hipótesis de que las variables que emplean dichos modelos al ser comparadas como pares, o como conjunto, muestran covarianzas muy bajas; es decir que no presentan correlación entre ellas y que por lo tanto son independientes entre sí, en el método de monte carlo es posible analizar la dependencia entre variables empleándose para ello la matriz de correlación, por último, con la aplicación de las técnicas de Monte Carlo se reduce considerablemente el tiempo de CPU con respecto al resto de los métodos empleados, en Koris y Szalai (1998) se aprecia esta diferencia, incluso, comparada con otros métodos de simulación como el Método Estocástico de Elementos Finitos.

2.5   Procedimiento para la Modelación Estocástica Convencional.

Como se ha comentado, para la construcción de un buen modelo es necesario contar con leyes que describan el comportamiento del sistema, asimismo, también es importante la experiencia para seleccionar el subconjunto más pequeño de variables. A priori se plantea el problema y sus fronteras; luego viene la recogida y depuración de datos; el diseño del experimento; las pruebas de contrastes; la verificación del modelo y la validación de las hipótesis. Por ejemplo, un análisis de sensibilidad determinará el grado de influencia en la solución del modelo debido a variaciones en los parámetros (robustez de un modelo). Sin embargo, para lograr esto se necesita de un procedimiento capaz de integrar estos aspectos a fin de que cada interrogante quede resuelta de la forma más exacta y simple posible, en el caso de la modelación estocástica convencional, algunos autores presentan sus variantes eficientes de metodologías para realizar este tipo de análisis (Webster y Sue, 2004; Universidad del CEMA, 2005; Centeno, 2002, entre otros), por ejemplo: en Universidad Nacional del Centro de la Pcia. (2005) se plantea una metodología establecida por etapas para realizar una simulación, aquí se toman en cuenta, de manera general, los siguientes aspectos:

- Definición del problema.
- Formulación del modelo.
- Verificación y Validación del modelo.
- Diseño de experimentos y plan de corridas.
- Análisis de resultados.

Por otro lado, cuando se pretende aplicar una metodología usando técnicas estocásticas se presentan dos casos fundamentales: un primer mecanismo basado en la aplicación del Método de Monte Carlo Puro, el cual se fundamenta en la generación de números aleatorios por el método de Transformación Inversa y que se basa en las distribuciones acumuladas de frecuencias. Un buen algoritmo para este caso seria el siguiente:

- Definir las Variables Aleatorias y sus distribuciones acumuladas (F)
- Generar un número aleatorio uniforme entre (0,1).
- Determinar el valor de la V.A. para el número aleatorio generado de acuerdo a las clases que se tengan.
- Calcular media, desviación estándar error y realizar el histograma.
- Analizar resultados para distintos tamaños de muestra.

Otra opción ya ha sido tratada, o sea cuando la variable aleatoria no es directamente el resultado de la simulación o se tienen relaciones entre variables, para esto se requiere como ya se ha planteado de los siguientes pasos:

- Definir las variables aleatorias.
- Definir el tipo de distribución de probabilidad para cada una.
- Realizar la generación aleatoria para dichas variables.
- Obtener el histograma de frecuencias del resultado de las iteraciones
- Calcular media, desvío.
- Analizar los resultados

Las principales características a tener en cuenta para la implementación o utilización de estos algoritmos se basan en las siguientes restricciones:

- El sistema debe ser descrito por una o más funciones de distribución de probabilidad (F.D.P.)
- El mecanismo de generación de números aleatorios es importante para evitar que se produzca correlación entre los valores muestrales.
- Se deben establecer límites y reglas de muestreo para las F.D.P., conociendo así, qué valores pueden adoptar las variables.
- Definir Scoring: Cuando un valor aleatorio tiene o no sentido para el modelo a simular.
- Análisis de la medida del error para aceptar que una corrida sea válida.
- Técnicas de reducción de varianza.
- En aplicaciones con muchas variables se estudiará trabajar con varios procesadores paralelos para realizar la simulación.

En intentos recientes por realizar modelaciones estocásticas vinculadas al análisis de seguridad, se ha trabajado partiendo de la generación de la data aleatoria que conforma y caracteriza a las variables independientes o factores (variables independientes o dependientes que son función de la conjugación de una o varias variables independientes); luego se procede a realizar un sin número de cálculos deterministas, que proporcionan como resultado, una data aleatoria de variables dependientes. Conocido el comportamiento aleatorio de las variables de repuesta se hace necesario caracterizar estadísticamente las mismas.

La caracterización estadística de las variables de respuesta, incluye la determinación del tipo de distribución teórica de frecuencia que mejor se ajusta al comportamiento de la variable respuesta así como la estadística descriptiva de la misma. En caso de que la variable respuesta siga una distribución normal, los términos que la caracterizan estadísticamente son: Media aritmética, Amplitud, Desviación típica, Varianza, Coeficiente de variación, Ratio, señal ruido (valor nominal), Curtosis, Coeficiente de asimetría y el Tamaño de muestra mínimo para que el número de tiros o corridas sea representativa de la población. La comprobación de la normalidad se realiza por diferentes criterios: Criterio de asimetría y exceso sobre la curtosis, Criterio de asimetría y exceso sobre la curtosis comparado con el error cuadrático medio de la amplitud del exceso de la curtosis, respectivamente, y el Criterio de la desviación media muestral, comparado con la desviación estándar muestral, los cuales, pueden ser reforzados con la aplicación de las pruebas de normalidad más potentes como: Prueba de Pearson, Prueba W, y la Prueba Chi-Cuadrado (Quevedo y Recarey, 2005).

En esta investigación, partiendo del criterio de diversos autores, se ofrece una metodología para llevar a cabo este proceso, en la misma se consideran muy detalladamente cada uno de los puntos imprescindibles para lograr una acertada solución cuando se manejan estos métodos.

2.5.1 Algoritmo para realizar una Modelación Estocástica Convencional en problemas de Ingeniería.

Debido a que el futuro de los códigos de diseño estará determinado por una estrategia que requiere la utilización de modelos probabilísticos que describan el comportamiento de las variables aleatorias (Figura 2.2), se presenta en esta investigación una propuesta de metodología para este fin, esta significa el cambio de una mentalidad determinista a una probabilista, mediante la utilización de herramientas de modelación muy sencillas y fáciles de implementar en la práctica.

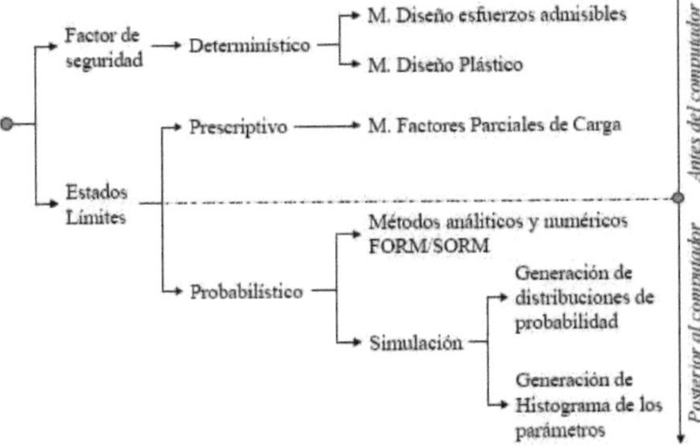

Figura 2.2 Alternativas para el desarrollo de normativas con base en la evaluación de la confiabilidad. (Marek et al., 2001)

El algoritmo presentado se basa en los siguientes aspectos:

1- Definir el modelo ingenieril a estudiar. (Planteamiento del Problema)

2- Definir las variables consideradas como deterministas y aleatorias en el proceso de Modelación y Diseño.

3- Caracterización estadística de todas las variables, lo cual incluye definir el tipo de distribución de probabilidades que sigue cada una y sus estadígrafos fundamentales.

4- Analizar la posible dependencia de las variables definidas y la inclusión o no de matrices de correlación.

5- Aplicar un mecanismo de generación de números aleatorios en función del tipo de distribución definida para la variable.

6- Determinar Histograma y estadígrafos fundamentales para la data resultante de la generación.

7- Comprobar la Aleatoriedad de los datos resultantes.

8- Repetir el proceso de generación aleatoria aumentando el tamaño de muestra hasta lograr convergencia en los resultados.

9- Análisis comparativo de los resultados obtenidos.

Esta metodología ha sido evaluada inicialmente, en el modelo más simple estudiado en la ingeniería geotécnica, el cual no es más que la determinación de la capacidad de carga de una cimentación corrida sobre un suelo friccional. En este se hace un tratamiento de variables, en donde son consideradas como variables aleatorias: el peso específico y el ángulo de fricción del suelo, la carga; el ancho de la cimentación se consideran para este primer análisis como variables deterministas.

La caracterización estadística de cada variable que incide en este problema ya ha sido dada en tablas que aportan coeficientes de variación así como el tipo de distribución de probabilidades que sigue cada variable. No se analiza aquí la dependencia entre variables por lo que el problema se hace más sencillo, reduciéndose a la aplicación del método de Monte Carlo, o sea, a la generación de números aleatorios en variables que se distribuyen normalmente; esto se ha hecho con ayuda del software Mathcad, obteniéndose una data aleatoria, a la cual se le comprueba dicha aleatoriedad mediante el método de Kolmogorov - Smirnov, luego, el software devuelve el histograma de frecuencias para los datos generados así como la estadística descriptiva de los mismos. En primeros intentos de llevar a cabo esta generación, o sea, efectuando la generación hasta 100 corridas, no se apreciaba buena convergencia, ni para el coeficiente de variación ni para la desviación típica (Figura 2.3), lo cual está plenamente fundamentado en la teoría que ya se ha expuesto relativa al tamaño de muestra requerido para minimizar el error de convergencia, de aquí que fue necesario pensar en tamaños de muestras muy superiores y acordes con lo planteado en la literatura internacional.

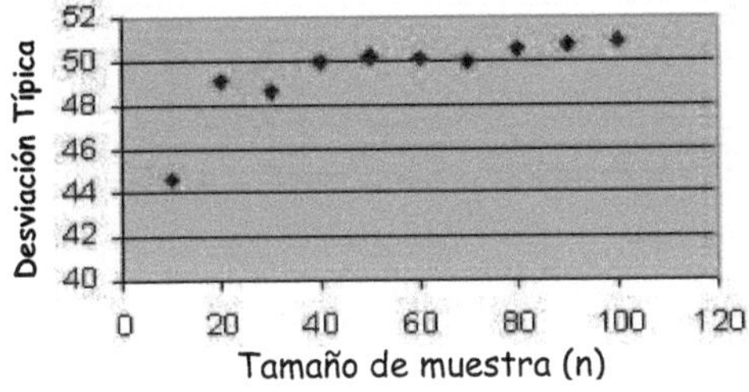

Figura 2.3 Convergencia de la desviación típica para el caso analizado de capacidad de carga.

2.6 Conclusiones Parciales.

1. La modelación estocástica denominada "convencional", parte de la existencia de un problema ingenieril presto a solucionarse, debido a su alta complejidad, mediante un proceso aleatorio, para ello se requiere en primer lugar de la construcción de un modelo que represente correctamente el problema real, determinándose las variables que inciden, su caracterización estadística, el tipo de distribución de probabilidades que sigue cada una, y posteriormente se precisa de un mecanismo de generación de números aleatorios, todo esto constituye las herramienta fundamental para cualquier variante de modelación de esta índole.

2. La mayoría de los softwares y hojas de cálculo que permiten realizar la modelación estocástica a través del código de Monte Carlo y que están disponibles, solo son útiles cuando el problema es relativamente sencillo; dada la complejidad de esta investigación estos no se tomaron en cuenta, por lo que para generar un código programable que permitiera la ejecución de este tipo de análisis, vinculando además, la aplicación de la teoría de la seguridad, se recurrió al Software Mathcad, siendo este el seleccionado para desarrollar la investigación.

3. Partiendo de las investigaciones realizadas y del estudio y valoración de la experiencia internacional se ha logrado resumir la caracterización estadística de las principales variables aleatorias que intervienen en los diseños geotécnicos: cargas actuantes y propiedades físico-mecánicas de los suelos, permitiendo esto la implementación de la modelación estocástica convencional así como la aplicación de los métodos probabilísticos que complementan este análisis.

4. El Método de Monte Carlo garantiza además el análisis de la dependencia entre variables, esto sólo puede ser llevado a cabo a través del empleo de una matriz de correlación, mientras que por otras vías es imposible debido a que en estos métodos se considera que las variables que emplean dichos modelos presentan covarianzas muy bajas; o sea que no presentan correlación entre ellas y que por lo tanto son independientes entre sí.

5. El método de Monte Carlo resulta muy eficiente para solucionar problemas ingenieriles complejos, dependiendo la aproximación al problema real de la cantidad de muestras generadas; para el caso de estudios geotécnicos se ha demostrado que 100 muestras es un valor insuficiente para disminuir el error al valor deseado, por cuanto, de acuerdo a la literatura consultada, se plantea el uso de muestras superiores al orden de 1000 corridas.

6. Ha quedado definido un procedimiento eficiente para realizar la modelación estocástica convencional de problemas ingenieriles en sentido general, para ello se parte del diseño del modelo, su caracterización estadística y posteriormente se aplica el código de Monte Carlo a las variables consideradas como aleatorias en el proceso de análisis, chequeando finalmente los estadígrafos y la convergencia del proceso.

Capítulo 3. Modelación Estocástica con Análisis de Seguridad.

3.1 Definición del Problema de Estudio.

El problema de estudio, inherente a la presente investigación, se basa en la aplicación de la modelación estocástica a un ejemplo práctico de la ingeniería geotécnica; se ha escogido para esta investigación un caso ingenieril considerado como el más simple de la Ingeniería Geotécnica, este resulta ser el cálculo de la capacidad de carga de una cimentación corrida, primeramente, sobre suelos friccionales y para un segundo caso, sobre suelos puramente cohesivos. En ambos casos se consideran la mayoría de las variables de entrada como variables aleatorias, a fin de obtener, como resultado del proceso de diseño, una salida también aleatoria; de este modo se procederá posteriormente a la aplicación de métodos probabilísticos de diseño, específicamente mediante el empleo de la Teoría de la Seguridad.

El caso en análisis, desde el punto de vista de diseño, se fundamenta en obtener el valor de la capacidad de carga de una cimentación corrida, este estudio, de acuerdo a lo establecido en la Norma Cubana para el Diseño de Cimentaciones Superficiales, plantea que para garantizar el cumplimiento del criterio de Capacidad de Carga de la base de la cimentación se debe cumplir la siguiente condición:

$$N^* \leq Qbt^* \qquad\qquad [3.1]$$

Donde:

Q_{bt}: Carga bruta de trabajo resistente a la estabilidad de la base de la cimentación.

N: Carga vertical resultante a nivel de cimentación.

Por otra parte, el valor de la Qbt* para cimientos rectangulares se determina a partir de:

$$Qbt^* = b'\,l'\left(\frac{qbr^* - q'^*}{\gamma_s} + q'^*\right) \qquad\qquad [3.2]$$

Donde:

qbr*: Presión bruta de rotura resistente a la estabilidad de la base de la cimentación y se determina a partir de las expresiones definidas por Brinch Hansen (Brinch Hansen, 1970) que plantean:

⇨ Para Suelos φ y C-φ:

$$q_{br}* = 0.5\ \gamma_2* \ B'\ N_\gamma\ s_\gamma\ i_\gamma\ d_\gamma\ g_\gamma + c*\ N_c\ s_c\ i_c\ d_c\ g_c + q'*\ N_q\ s_q\ i_q\ d_q\ g_q \qquad [3.3]$$

⇨ Para Suelos C:

$$q_{br}* = 5.14\ C^*\ (1 + s'_c + d'_c - i'_c \cdot g'_c) + q'* \qquad [3.4]$$

Donde:

γ_1* : Peso específico de cálculo por encima del nivel de cimentación, en el caso de existir más de un estrato en esta zona se toma un promedio ponderado de estos valores.

γ_2*: Peso específico de cálculo por debajo del nivel de cimentación, hasta una profundidad 1.5 B'

l´: Lado efectivo en la dirección del lado mayor del cimiento (1).

b´: Lado efectivo en la dirección del lado menor del cimiento (b).

N_γ, N_c, N_q : Factores de la capacidad de carga, que están en función de φ^*.

s_γ, s_q, s_c : Factores de corrección debido al efecto de la forma del cimiento (Suelos friccionales).

i_γ, i_c, i_q : Factores de inclinación de la carga actuante. (Suelos friccionales).

$d\gamma$, dc, dq. : Factores que valoran el efecto de la profundidad a la cual se ha desplantado la cimentación. (Suelos friccionales).

g_γ, g_c, g_q : Factores de inclinación del terreno. (Suelos friccionales).

C^*: Cohesión de cálculo, del suelo.

s'_c : Factor de corrección debido al efecto de la forma del cimiento (Suelos Cohesivos).

$d'c$: Factor que valora el efecto de la profundidad a la cual se ha desplantado la cimentación. (Suelos Cohesivos).

i'_c : Factor de inclinación de la carga actuante. (Suelos Cohesivos).

g'_c : Factor de inclinación del terreno. (Suelos Cohesivos).

Teniendo en cuenta que los casos en análisis se basan en aplicar estas expresiones a suelos puramente friccionales y puramente cohesivos, se han establecido una serie de consideraciones e hipótesis simplificativas, las cuales son enunciadas a continuación:

❖ **Para suelos puramente friccionales:**

PARAMETRO	OBSERVACIONES
⇨ $\varphi \neq 0$	Suelo Friccional
⇨ $C = 0$	
⇨ $d = 0$	
⇨ $e = 0$; $\delta = 0 \Rightarrow B' = B$; $i_\gamma = i_c = i_q = 1.0$	Carga vertical centrada
⇨ $\phi = 0 \Rightarrow g_\gamma = g_c = g_q = 1.0$	
⇨ $D = 0 \Rightarrow d_\gamma = d_c = d_q = 1.0$	

Tabla 3.1. Consideraciones a tener en cuenta en el cálculo de la capacidad de carga para suelos puramente friccionales.

De acuerdo a lo anterior, la expresión de capacidad de carga para este caso se simplifica a:

$$q_{br} = \frac{\gamma_2 B'}{2} N_\gamma \qquad\qquad [3.5]$$

Donde:

$N_\gamma = f(\varphi)$ y B' es el lado menor entre l' y b'.

Para este primer caso, y tomando como base la expresión anterior de q_{br}, se considerarán como variables aleatorias γ y φ, y como variable determinista el ancho de cimentación (b).

❖ **Para suelos puramente cohesivos:**

PARAMETRO	OBSERVACIONES
⇨ $\varphi = 0$	
⇨ $C \neq 0$	Suelo Cohesivo
⇨ $d = 0$	
⇨ $e = 0$; $\delta = 0 \Rightarrow B' = B$; $i_\gamma = i_c = i_q = 1.0$	Carga vertical centrada
⇨ $\phi = 0 \Rightarrow g_\gamma = g_c = g_q = 1.0$	
⇨ $D = 0 \Rightarrow d_\gamma = d_c = d_q = 1.0$	

Tabla 3.2. Consideraciones a tener en cuenta en el cálculo de la capacidad de carga para suelos puramente cohesivos.

De igual manera al caso anterior, la expresión de capacidad de carga se simplifica a:

$$q_{br} = 5.14 \cdot C \qquad\qquad [3.6]$$

En este caso se considerará como variable aleatoria a C, y como variable determinista, el ancho b. Con respecto a las cargas, se considera el caso de una carga vertical centrada, generada debido a acciones de diferente naturaleza, estas también serán asumidas como variables aleatorias, aunque para el caso analizado la carga no incide directamente en la variable de salida de capacidad de carga Q_{br}, pero sí en el chequeo de la condición de diseño, e incluso en el análisis general de la seguridad.

3.2   Características Estocásticas de las Variables de Entrada.

Las variables asumidas como estocásticas para la investigación, devienen lógicamente, de la condición de diseño para el primer estado límite, para el caso de suelos puramente friccionales son: el ángulo de fricción interna φ, el peso específico del suelo γ, así como la carga permanente vertical actuante, la carga temporal vertical y la carga vertical de viento; para otros casos más complejos se pueden tener en cuenta otras variables que influyan como por ejemplo la Cohesión, ángulo de inclinación del terreno, entre otros. Asimismo se ha considerado el ancho de la cimentación B como parámetro determinista.

Para suelos puramente cohesivos se considera estocástica la cohesión del suelo, de manera similar a suelos friccionales también se consideran como aleatorias: la carga permanente vertical actuante, la carga temporal vertical y la carga vertical de viento; por último, el ancho de la cimentación B se toma como parámetro determinista.

La caracterización estadística de las citadas variables se efectúa en el capítulo 1 (tablas 1.1 y 1.3), y a partir de los intervalos definidos en ellas, se fijan los valores que serán utilizados en los dos casos en análisis:

Coeficiente de variación del ángulo de fricción interna $v_{tg\varphi}$ - 0.03, 0.05, 0.08, 0.10

Coeficiente de variación de la cohesión v_c - 0.138, 0.26, 0.336

Coeficiente de variación del peso específico v_γ - 0.05

Coeficiente de variación de la carga muerta v_{cm} - 0.10

Coeficiente de variación de la carga viva v_{cv} - 0.25

Coeficiente de variación de la carga de viento extremo v_{viento} - 0.31

3.3 Diseño del Experimento Teórico.

Las variables analizadas y los valores definidos de las mismas, para la aplicación de la modelación estocástica convencional son:

✧ Para suelos friccionales:

Angulo de fricción interna del suelo φ, para $\varphi \leq 30°$	- 25°, 27.5°, 30°
Angulo de fricción interna del suelo φ, para $\varphi > 30°$	- 32.5°, 35°, 37.5°
Coeficiente de variación del ángulo de fricción interna $\upsilon_{tg\varphi}$ para $\varphi \leq 30°$	- 0.03, 0.08, 0.10
Coeficiente de variación del ángulo de fricción interna $\upsilon_{tg\varphi}$ para $\varphi > 30°$	- 0.03, 0.05, 0.08
Peso específico γ	- 18 Kn/m^3
Excentricidad de la carga e	- e = 0
Inclinación de la carga δ	- $\delta = 0°$
Profundidad de cimentación d	- d = 0

Con los valores anteriores, se conformaron todas las posibles combinaciones a evaluar en la investigación.

✧ Para suelos cohesivos:

Cohesión C	- 40 kPa, 60kPa, 80kPa.
Coeficiente de variación de la cohesión υ_c	- 0.138, 0.26, 0.336
Peso específico γ	- 18 Kn/m3
Excentricidad de la carga e	- e = 0
Inclinación de la carga δ	- $\delta = 0°$
Profundidad de cimentación d	- d = 0

Análogamente al caso anterior, se conformaron, con estos valores, todas las posibles combinaciones a evaluar en la investigación.

3.3.1 Aplicación de la metodología para la Modelación Estocástica convencional con Análisis de Seguridad.

El procedimiento de modelación estocástica de cualquier problema ingenieril parte de la caracterización estadística de las cargas, aplicar el método de Monte Carlo, y finalmente obtener el nivel de seguridad requerido para el diseño.

A partir del procedimiento establecido en el Capítulo II para la modelación y adicionando a este los elementos que garantizan el diseño mediante métodos probabilistas, es que se ha realizado el diseño teórico de esta investigación, teniendo en cuenta los siguientes aspectos:

I.- Definir el modelo ingenieril a estudiar. (Planteamiento del Problema)

En este aspecto se hace referencia a lo planteado en el epígrafe 3.1 de este capítulo.

II.- Definir las variables consideradas como deterministas y aleatorias en el proceso de Modelación y Diseño.

En este aspecto se hace referencia a lo planteado en el epígrafe 3.2 de este capítulo.

III.- Caracterización estadística de todas las variables, lo cual incluye definir el tipo de distribución de probabilidades que sigue cada una y sus estadígrafos fundamentales.

Como ya se ha planteado, se aplicará este procedimiento a dos casos, el primero será a suelos puramente friccionales, teniendo en cuenta el análisis de dos tipos de suelos, los que poseen ángulo de fricción interna menor igual que 30° y los que poseen ángulo de fricción interna mayor que 30°; el segundo caso será a suelos puramente cohesivos.

Para el primer caso, o sea suelos puramente friccionales, se tuvo en cuenta que el ángulo de fricción interna del suelo, el peso específico del suelo y la carga vertical actuante en la base de la cimentación son las variables que se caracterizarán estocásticamente, siendo por supuesto el ángulo de fricción interna la de mayor peso en la investigación. Paralelamente, en suelos cohesivos, se ha planteado que las variables que se consideran aleatorias son la Cohesión del suelo y la carga vertical actuante en la base de la cimentación, esta última como combinación de la carga permanente, la carga temporal y la carga de viento.

A continuación se resumen todas las posibles combinaciones que intervienen en el diseño del experimento.

Combinaciones para el diseño del Experimento Teórico (Suelo ϕ)			
No. de la Combinación	Tipo de Suelo	Angulo de Fricción Interna (°)	Coef. de Variac. de ϕ
1	ϕ	25	0,03
2	ϕ	25	0,08
3	ϕ	25	0,1
4	ϕ	27,5	0,03
5	ϕ	27,5	0,08
6	ϕ	27,5	0,1
7	ϕ	30	0,03
8	ϕ	30	0,08
9	ϕ	30	0,1
10	ϕ	32,5	0,03
11	ϕ	32,5	0,05
12	ϕ	33,5	0,08
13	ϕ	35	0,03
14	ϕ	35	0,05
15	ϕ	35	0,08
16	ϕ	37,5	0,03
17	ϕ	37,5	0,05
18	ϕ	37,5	0,08

Tabla 3.3. Combinaciones analizadas en el cálculo de la capacidad de carga para suelos puramente friccionales.

Combinaciones para el diseño del Experimento Teórico (Suelo C)			
No. de la Combinación	Tipo de Suelo	Cohesión del Suelo Kpa.	Coef. de Variac. de C
19	C	40	0,138
20	C	40	0,26
21	C	40	0,336
22	C	60	0,138
23	C	60	0,26
24	C	60	0,336
25	C	80	0,138
26	C	80	0,26
27	C	80	0,336

Tabla 3.4. Combinaciones analizadas en el cálculo de la capacidad de carga para suelos puramente cohesivos.

Para cada combinación, es necesario definir el tipo de distribución a emplear para cada variable y los estadígrafos fundamentales de cada una de ellas:

Parámetros resultantes de análisis matemático en suelos ϕ ($\phi \leq 30$, valores medios)										
No. de Comb.	Ángulo de Fricción Interna °	Coef. de Variac. de ϕ	Peso Espec. Kn/m2	Coef. de Variac. de γ	Carga Muerta Kn	Coef. de Variac. de Cm	Carga Viva Kn	Coef. de Variac. de Cv	Carga Viento Kn	Coef. de Variac. de Cw
	ϕ	$\upsilon tg\phi$	γ	$\upsilon\gamma$	Cm	υCm	Cv	υCv	Cw	υCw
1		0,03	18	0,05	100	0,1	60	0,25	20	0,31
2	25	0,08	18	0,05	100	0,1	60	0,25	20	0,31
3		0,1	18	0,05	100	0,1	60	0,25	20	0,31
4		0,03	18	0,05	100	0,1	60	0,25	20	0,31
5	27,5	0,08	18	0,05	100	0,1	60	0,25	20	0,31
6		0,1	18	0,05	100	0,1	60	0,25	20	0,31
7		0,03	18	0,05	100	0,1	60	0,25	20	0,31
8	30	0,08	18	0,05	100	0,1	60	0,25	20	0,31
9		0,1	18	0,05	100	0,1	60	0,25	20	0,31

Tabla 3.5. Valores medios y coeficientes de variación de las variables analizadas en el cálculo de la capacidad de carga para suelos puramente friccionales ($\phi \leq 30$).

Parámetros resultantes de análisis matemático en suelos ϕ ($\phi \leq 30$, valores medios)										
No. de Comb.	Angulo de Fricción Interna °	Coef. de Variac. de ϕ	Peso Espec. Kn/m2	Coef. de Variac. de γ	Carga Muerta Kn	Coef. de Variac. de Cm	Carga Viva Kn	Coef. de Variac. de Cv	Carga Viento Kn	Coef. de Variac. de Cw
	ϕ	$\upsilon tg\phi$	γ	$\upsilon\gamma$	Cm	υCm	Cv	υCv	Cw	υCw
10		0,03	18	0,05	100	0,1	60	0,25	20	0,31
11	32,5	0,05	18	0,05	100	0,1	60	0,25	20	0,31
12		0,08	18	0,05	100	0,1	60	0,25	20	0,31
13		0,03	18	0,05	100	0,1	60	0,25	20	0,31
14	35	0,05	18	0,05	100	0,1	60	0,25	20	0,31
15		0,08	18	0,05	100	0,1	60	0,25	20	0,31
16		0,03	18	0,05	100	0,1	60	0,25	20	0,31
17	37,5	0,05	18	0,05	100	0,1	60	0,25	20	0,31
18		0,08	18	0,05	100	0,1	60	0,25	20	0,31

Tabla 3.6. Valores medios y coeficientes de variación de las variables analizadas en el cálculo de la capacidad de carga para suelos puramente friccionales ($\phi \leq 30$).

Parámetros resultantes de análisis matemático en suelos C										
No. de Comb.	Cohesión del Suelo Kpa.	Coef. De Variac. de C	Peso Espec. Kn/m2	Coef. de Variac. de γ	Carga Muerta Kn	Coef. de Variac. de Cm	Carga Viva Kn	Coef. de Variac. de Cv	Carga Viento Kn	Coef. de Variac. de Cw
C		υc	γ	$\upsilon\gamma$	Cm	υCm	Cv	υCv	Cw	υCw
19		0,138	18	0,05	100	0,1	60	0,25	20	0,31
20	40	0,26	18	0,05	100	0,1	60	0,25	20	0,31
21		0,336	18	0,05	100	0,1	60	0,25	20	0,31
22		0,138	18	0,05	100	0,1	60	0,25	20	0,31
23	60	0,26	18	0,05	100	0,1	60	0,25	20	0,31
24		0,336	18	0,05	100	0,1	60	0,25	20	0,31
25		0,138	18	0,05	100	0,1	60	0,25	20	0,31
26	80	0,26	18	0,05	100	0,1	60	0,25	20	0,31
27		0,336	18	0,05	100	0,1	60	0,25	20	0,31

Tabla 3.7. Valores medios y coeficientes de variación de las variables analizadas en el cálculo de la capacidad de carga para suelos puramente Cohesivos.

Conviene aclarar que los valores ofrecidos en las tablas 3.5, 3.6 y 3.7, se refieren a valores medios de las variables, además es importante destacar que para la totalidad de las variables se ha asumido, partiendo de estudios anteriores, que el tipo de distribución al que se ajustan las mismas es a una distribución normal, esta hipótesis será comprobada en el transcurso de la aplicación de la metodología propuesta.

IV.- Analizar la posible dependencia de las variables definidas y la inclusión o no de matrices de correlación.

En los casos desarrollados, se consideran todas las variables independientes, es decir, se parte de que no existe correlación entre ellas, por lo cual no es necesario la inclusión de matrices de correlación, otra cosa hubiese sido la aplicación de esta metodología suelos C- φ, en los cuales dichas variables se deben considerar como dependientes, esto por supuesto que genera ciertas modificaciones que implican, incluso, el cambio del método de generación de números aleatorios.

V.- Aplicar un mecanismo de generación de números aleatorios en función del tipo de distribución definida para la variable.

Para desarrollar este paso es necesario crear una base computacional, que facilite no solo la generación de números aleatorios para cada variable sino también la ejecución del resto del procedimiento para todas las posibles variantes definidas en el punto III. Para ello, lo más recomendable es el uso de sistemas de ayuda al ingeniero como lo es el Mathcad, con el cual se pueden crear programas de trabajo de forma rápida y eficiente. (González 2000; Sánchez 2001).

Teniendo en cuenta que las variables que se harán variar son el ángulo de fricción interna y la cohesión del suelo para el primer y el segundo caso respectivamente, se ha implementado en este software (Mathcad) el mecanismo de generación de números aleatorios para variables con distribución normal, a través de la función "rnorm", la cual depende del tamaño de la muestra, la media y desviación típica de la variable analizada (Esta función puede verse empleada en los Anexos 3 y 4).

Resulta notable comentar que previamente a esta investigación se contaba con los valores de la media y la desviación típica de cada variable, sin embargo no existía el valor exacto del tamaño de corridas para la generación aleatoria, este valor denotado como "n" es el que garantiza que a partir de él exista una convergencia en los resultados de los estadígrafos principales de las variables generadas aleatoriamente, es decir, una cierta convergencia en la media, la desviación típica y el coeficiente de variación de la muestra generada.

Para este propósito se ha decidido emplear el software Simulación 4.0, el cual cuenta con una barra de herramientas desde la cual es posible acceder a todas sus funcionalidades, primeramente se puede Insertar la variable aleatoria, lo cual permite seleccionar el tipo de distribución a utilizar y sus parámetros, luego inserta dicha variable en la celda activa del Excel. Por último, si no existen más variables ni correlación alguna entre estas, se procede a correr la simulación una vez ingresado el dato referente a la cantidad de iteraciones deseadas, permitiendo acceder a los estadígrafos fundamentales de la muestra generada aleatoriamente.

Este análisis se realizó para los dos casos, comprobando la convergencia de dichos parámetros estadísticos para el ángulo de fricción interna del suelo, la cohesión así como para el peso específico del suelo, algunos de estos resultados se pueden ver en los gráficos 3.1 hasta el 3.3, el resto se pueden encontrar en los Anexos 1 y 2 de este trabajo.

El mismo análisis se efectuó para todos los posibles valores de las variables tomadas en cuenta en las combinaciones desarrolladas, estos fueron tabulados teniendo en cuenta la conceptualización que se ha implementado en esta investigación a favor de dividir el estudio en suelos friccionales y suelos cohesivos. Estos resultados son los que pueden verse en la tabla 3.8.

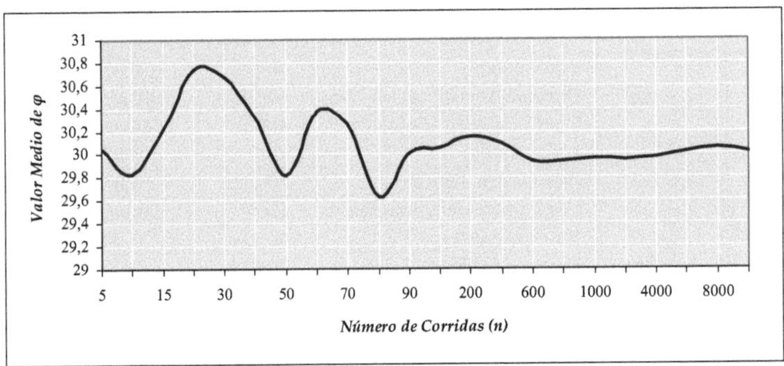

Gráfico 3.1. Convergencia de la media para suelos friccionales (ϕ = 30).

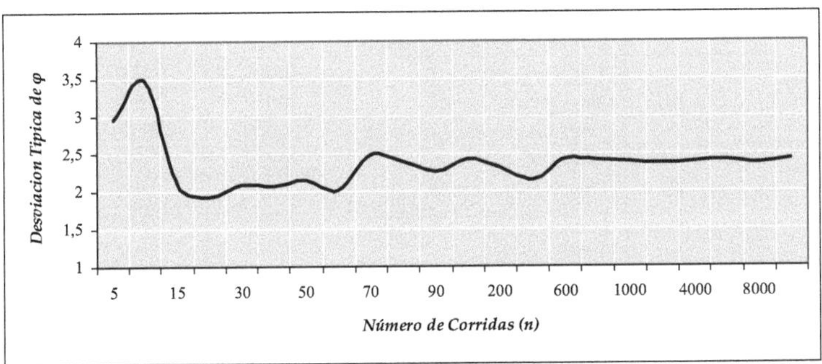

Gráfico 3.2. Convergencia de la desviación típica para suelos friccionales (ϕ = 30).

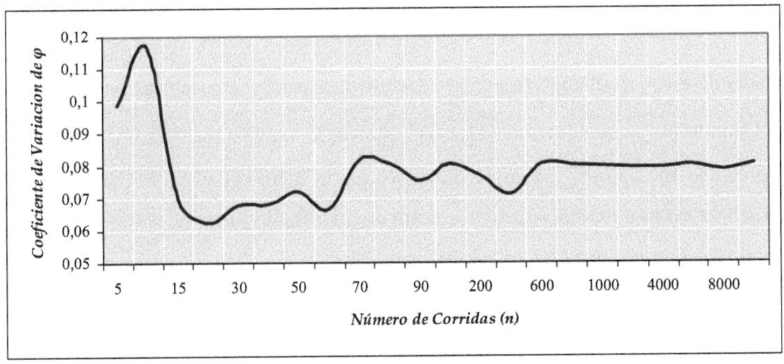

Gráfico 3.3. Convergencia del coeficiente de variación para suelos friccionales (ϕ = 30).

Tipo de suelo	Variable	Estadígrafo	No. de Corridas (n)	Error de Convergencia
Suelos friccionales	$\phi = 25$	Valor Medio	400	0.02
		Desviación Típica	4000	0.01
		Coeficiente de Variación	4000	0.001
	$\phi = 30$	Valor Medio	600	0.02
		Desviación Típica	2000	0.01
		Coeficiente de Variación	1000	0.001
	$\phi = 35$	Valor Medio	1000	0.02
		Desviación Típica	2000	0.01
		Coeficiente de Variación	1000	0.001
Suelos Cohesivos	$C = 40$	Valor Medio	2000	0.02
		Desviación Típica	2000	0.01
		Coeficiente de Variación	2000	0.001
	$C = 60$	Valor Medio	4000	0.02
		Desviación Típica	1000	0.01
		Coeficiente de Variación	1000	0.001
	$C = 80$	Valor Medio	4000	0.02
		Desviación Típica	2000	0.01
		Coeficiente de Variación	2000	0.001
Suelos Cohesivos o Friccionales	$\gamma = 15$	Valor Medio	600	0.02
		Desviación Típica	200	0.01
		Coeficiente de Variación	600	0.001
	$\gamma = 18$	Valor Medio	400	0.02
		Desviación Típica	1000	0.01
		Coeficiente de Variación	2000	0.001
	$\gamma = 20$	Valor Medio	600	0.02
		Desviación Típica	2000	0.01
		Coeficiente de Variación	2000	0.001

Tabla 3.8. Número mínimo de corridas para la generación aleatoria.

Luego del análisis de estos resultados se puede concluir que para el caso de los gráficos de los estadígrafos del ángulo de fricción interna $\left(\overline{\varphi}\right)$ vs. el número de repeticiones (n) se puede ver que para series menores de 400 valores, los datos simulados por el método de Monte Carlo no tienen una alta convergencia al valor medio, siendo necesario como mínimo series de 400 o más valores, a partir de lo cual si se muestra una alta convergencia.

Por otra parte, tanto para la desviación como para el coeficiente de variación se puede observar que la dispersión de los valores obtenidos, a partir de la simulación de Monte Carlo, es mayor que para el caso del valor medio, aunque se aprecie una convergencia al valor determinista de dichas variables a medida que se aumenta el tamaño de la serie, pudiéndose plantear que para series de más de 4000 valores ya existe una convergencia satisfactoria.

Para el caso de suelos predominantemente cohesivos puede verse que la convergencia de la media también se logra para valores de series muy inferiores a los que se presentan para el coeficiente de variación y de la desviación típica, la diferencia con el caso anterior consiste en que este valor de n, es mayor que el que se obtiene para la convergencia del ángulo de fricción interna del suelo, siendo en este caso, a partir de 2000 cuando se logra convergencia del valor medio de C.

En el caso del grafico de valor medio de gamma $\left(\overline{\gamma}\right)$ vs. el número de repeticiones (n) puede verse que para series menores de 400 valores, los datos simulados por el método de Monte Carlo no tienen una alta convergencia al valor medio, siendo necesario como mínimo series de 600 o más valores para alcanzar una alta convergencia.

Con respecto de la desviación y el coeficiente de variación de esta variable (Peso Específico) se concluye que la dispersión de los valores obtenidos a partir de la simulación de Monte Carlo es también mayor que para el caso del valor medio, en este caso para series de más de 2000 valores ya existe una satisfactoria convergencia.

De acuerdo a los resultados obtenidos en la tabla 3.8 se ha establecido un valor único para el desarrollo del experimento teórico a la hora de definir el tamaño de la corrida, el cual ha resultado ser 4000. Se ha escogido este valor por razones lógicas ya que a partir de este existe una convergencia en los estadígrafos de todas las variables que intervienen en el diseño.

VI.- Determinar Histograma y estadígrafos fundamentales para la data resultante de la generación.

A partir de los resultados obtenidos en la generación aleatoria, es decir vectores de 4000 valores de ϕ, γ, Ncm, Ncv y Nv, para el primer caso y vectores de 4000 valores de C, γ, Ncm, Ncv y Nv para el segundo caso, se procede a obtener la estadística descriptiva de cada una de las variables, a fin de comprobar estos resultados con los empleados para efectuar la generación.

A cada variable se le ha graficado el histograma de frecuencias, tal y como puede verse en los ejemplos mostrados en los gráficos 3.4 y 3.5 (Véase además Anexos 3 y 4), en estos casos, para suelos friccionales y suelos cohesivos respectivamente.

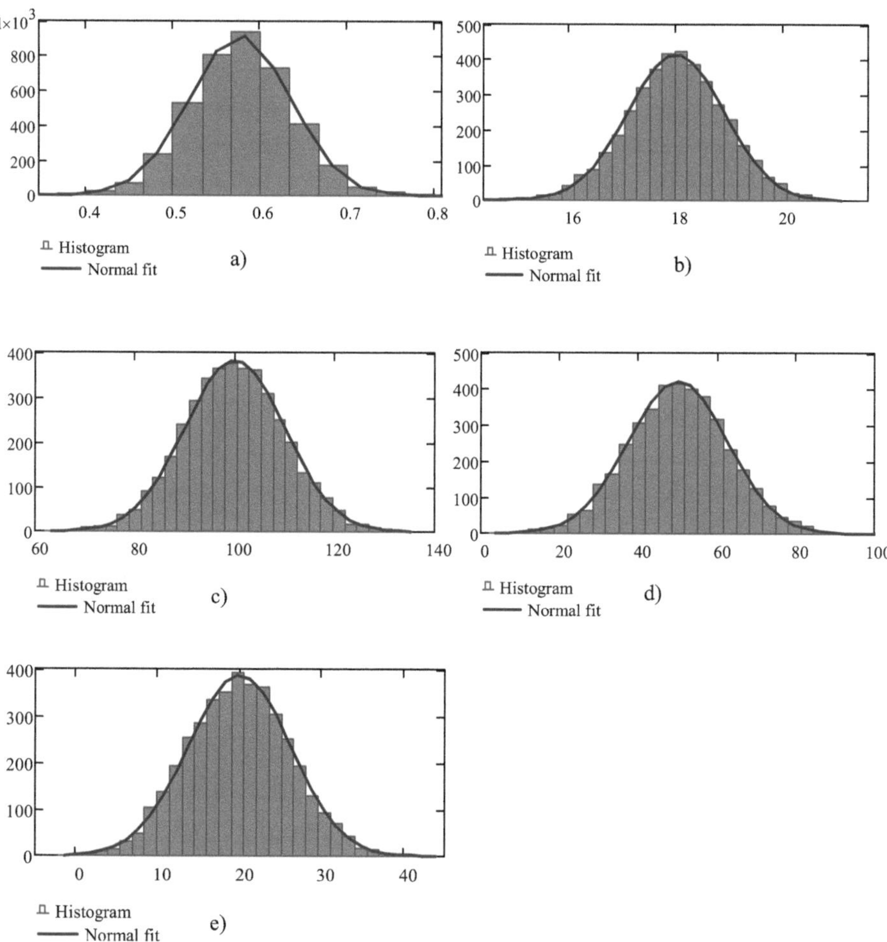

Gráfico 3.4. Histogramas de Frecuencias para las variables aleatorias consideradas en el cálculo de capacidad de carga en suelos friccionales: a) $\phi = 30°$, b) $\gamma=18\ Kn/m^3$, c) Ncm=100 Kn, d) Ncv=50 Kn, e) Nv=20 Kn.

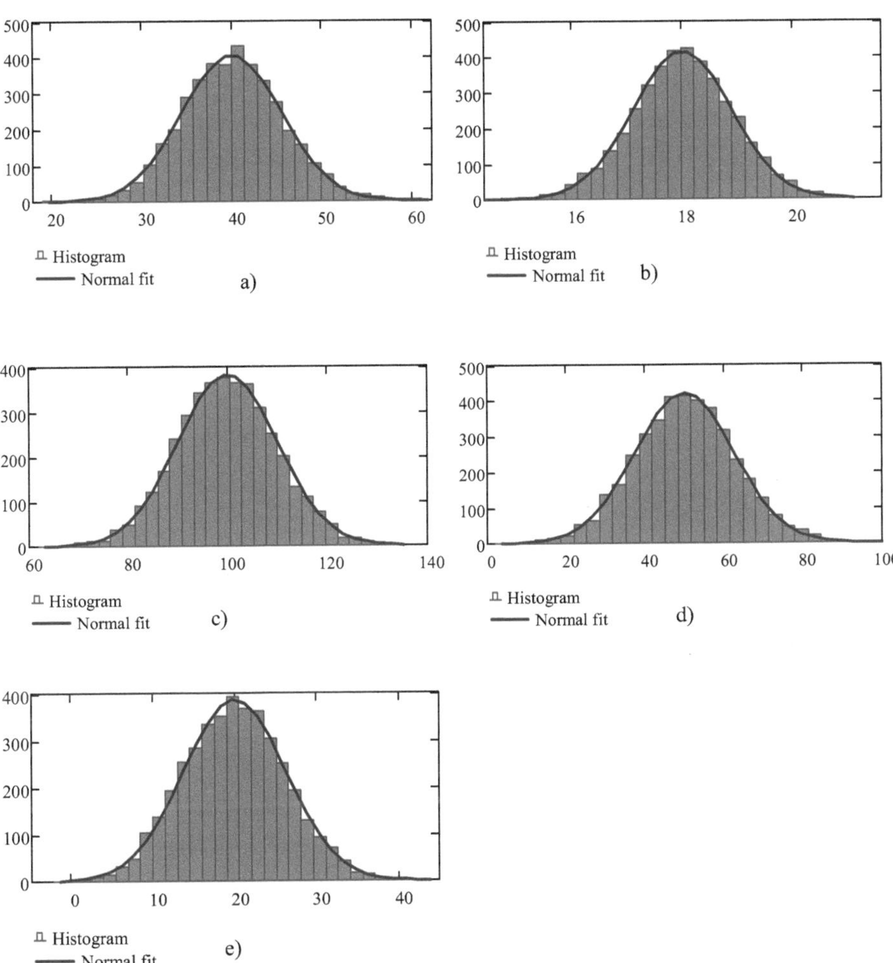

Gráfico 3.5. Histogramas de Frecuencias para las variables aleatorias consideradas en el cálculo de capacidad de carga en suelos cohesivos: a) C = 40 Kpa, b) γ=18 Kn/m^3, c) Ncm=100 Kn, d) Ncv=50 Kn, e) Nv=20 Kn.

De los gráficos 3.4 y 3.5 se puede apreciar que puede lograrse un mejor distribución de frecuencias en la mayoría de las variables excepto en el ángulo de fricción interna, en este la distribución es más discreta, incluso se pudo comprobar que a medida que disminuye el coeficiente de variación de esta variables esta distribución de frecuencias se hace mucho menor, o sea se agrupan una gran cantidad de elementos en cada clase.

VII.- Comprobar la Aleatoriedad y Normalidad de los datos resultantes.

Para efectuar este paso, se ha implementado en el software Mathcad, una prueba de bondad de ajuste de los resultados obtenidos, la misma prueba la hipótesis de que los valores extraídos de la muestra provienen de una población con una distribución específica, en este caso, de una distribución normal.

Las pruebas no paramétricas son las idóneas para este propósito, ya que prueban la hipótesis referente a si el origen de una muestra es de una población específica. Sin embargo, la elección entre una de las tres pruebas: (binomial, χ^2, o Kolmogorov - Smirnov), debe estar determinado por:

- ⇨ El número de categorías en su medición.
- ⇨ El nivel de medida usado.
- ⇨ El tamaño de la muestra.
- ⇨ La potencia de la prueba estadística.

La prueba binomial puede usarse cuando hay solamente dos categorías en la clasificación de los datos. Sólo es útil cuando el tamaño de la muestra es tan pequeño que no puede aplicarse la prueba χ^2. La prueba χ^2 deberá usarse cuando los datos estén en categorías discretas y cuando las frecuencias esperadas sean suficientemente grandes. Tanto las pruebas binomial como la χ^2 pueden usarse con mediciones en escalas nominales u ordinales. Por otro lado, la prueba de Kolmogorov-Smirnov deberá usarse cuando se puede suponer que la variable bajo consideración tiene una distribución continua. Sin embargo, si se usa al ser la distribución de la población F(x)+ discontinua, el error de la aseveración resultante de probabilidad se dirige a la seguridad. Es decir, si se usan las tablas que suponen que F(x) es continua para probar una hipótesis acerca de una variable discontinua, la prueba es conservadora: al rechazar H_0 con esta prueba podemos confiar plenamente en esa decisión.

La prueba de Kolmogorov-Smirnov trata observaciones individuales separadamente y, así, no pierde información a causa de agrupamientos, como algunas veces pasa con la χ^2. Con una variable continua, si la muestra es pequeña y, por tanto, deben combinarse categorías adyacentes, la prueba χ^2 es definitivamente menos poderosa que la de Kolmogorov - Smirnov.

De lo expuesto anteriormente se puede concluir que la prueba de Kolmogorov-Smirnov es la más poderosa de las pruebas basadas en la bondad de ajuste, por lo que si se cumplen las condiciones para su aplicación, es la prueba que deberá usarse siempre.

En esta investigación ha sido implementada la citada prueba para cada una de las variables generadas aleatoriamente, obteniéndose como resultados que luego de dicha generación, todas las variables provienen de una distribución normal, tal y como se había supuesto al inicio del procedimiento (Centeno, 2002). La tabla 3.9 muestra los resultados obtenidos mediante esta prueba, para uno de los casos analizados.

One-Sample Kolmogorov-Smirnov Test

		C	GANMA	CM	CV	CW
N		4000	4000	4000	4000	4000
Normal Parameters[a,b]	Mean	40,2055	18,0062	99,7995	50,1102	19,9268
	Std. Deviation	10,3716	,9113	9,9983	12,6759	6,1896
Most Extreme Differences	Absolute	,011	,009	,008	,006	,009
	Positive	,011	,008	,008	,006	,009
	Negative	-,008	-,009	-,005	-,005	-,006
Kolmogorov-Smirnov Z		,669	,584	,478	,409	,546
Asymp. Sig. (2-tailed)		,762	,884	,976	,996	,927

a. Test distribution is Normal.

b. Calculated from data.

Tabla 3.9 Resultado de una de las pruebas de bondad de ajuste, para suelos cohesivos. (C =40, γ=18 y υc =0.26)

Como puede apreciarse en la tabla 3.9 y ocurriendo así para todos los casos analizados, se cumple siempre la hipótesis planteada, inherente a que las muestras provienen de una distribución normal.

VIII.- Determinación de capacidad de carga q_{br} con variables de entradas estocásticas.

- Con empleo de métodos analíticos para la búsqueda de la solución.

Para alcanzar el objetivo de un diseño geotécnico sobre bases probabilistas, se hace necesario el análisis de las variables que inciden en el mismo, las cuales han sido ya bien definidas en el epígrafe 3.1, sin embargo, una cuestión de extrema importancia lo constituye la problemática de obtención del ancho (b) de la cimentación.

El procedimiento de cálculo de la capacidad de carga parte de la obtención del ancho (b) de la cimentación, para esto se trabaja con los valores medios de las variables que intervienen en la ecuación de capacidad de carga. (Expresiones 3.5 y 3.6). Con estos valores de b se realiza el diseño, generándose primeramente valores aleatorios para cada variable, luego se obtienen los valores de capacidad de carga y por último se calcula la probabilidad de falla, obteniéndose resultados aproximados al 50 %, en concordancia con lo establecido en las bases teóricas del diseño probabilista.

A los valores resultantes de capacidad de carga, se le determina el valor medio, de manera similar se aplican las ecuaciones establecidas para la obtención del valor medio de las cargas actuantes, en este caso para la combinación de cargas definida para el diseño, finalmente se calcula la desviación estándar y el correspondiente coeficiente de variación, tanto para las cargas como para la resistencia, de acuerdo a las expresiones:

$$v_{Y_1} = \frac{\sigma_{Y1}}{Y_1} \qquad [3.7] \qquad\qquad v_{Y_2} = \frac{\sigma_{Y2}}{Y_2} \qquad [3.8]$$

Siendo:

σ_{Y1} y Y_1: Resultados de la desviación estándar y valor medio de las cargas actuantes.

σ_{Y2} y Y_2: Resultados de la desviación estándar y valor medio de la capacidad de carga. (Estos valores son obtenidos a partir de un análisis de estadística descriptiva para cada variable).

Como segundo paso, teniendo en cuenta que los valores de b, obtenidos anteriormente, no satisfacen la condición de probabilidad de falla en cimentaciones, es necesario encontrar los valores de b que garanticen tal condición, para esto se lleva a cabo nuevamente el proceso de diseño, partiendo de un valor de b que se irá variando hasta satisfacer la citada condición (Pf≤0.02), o sea H=0.98 (Nivel de seguridad). Estos resultados, son los que pueden verse en las tablas 3.10, 3.11 y 3.12 y ha sido obtenidos efectuando todas las combinaciones del experimento teórico en la metodología programada en el software Mathcad, véase Anexo 3.

RESULTADOS DEL DISEÑO CON VARIABLES ALEATORIAS (Suelos $\varphi \leq 30°$)												
Combi-nación.	bdis.	Y1	υY1	Y2	υY2	Prob. de Falla	breq.	Y1	υY1	Y2	υY2	Prob. de Falla
1	1,26	113,413	0,098	129,697	0,118	0.525	1,53	113,413	0,098	190,28	0,118	0,019
2	1,26	113,413	0,098	134,05	0,292	0.525	2,10	113,413	0,098	359.40	0,288	0,020
3	1,26	113,413	0,098	136,84	0,366	0.508	2,61	113,413	0,098	555,61	0,357	0,021
4	1,03	113,413	0,098	129,64	0,124	0.533	1,26	113,413	0,098	192,89	0,123	0,020
5	1,03	113,413	0,098	134,584	0,31	0.522	1,80	113,413	0,098	394,67	0,304	0,02
6	1,03	113,413	0,098	137,772	0,389	0.504	2,32	113,413	0,098	673,19	0,378	0,021
7	0,84	113,413	0,098	128,754	0,13	0.558	1,04	113,413	0,098	196,07	0,129	0,020
8	0,84	113,413	0,098	134,315	0,329	0.529	1,55	113,413	0,098	436,61	0,321	0,021
9	0,84	113,413	0,098	137,928	0,414	0.523	2,25	113,413	0,098	920,61	0,399	0,021

Tabla 3.10 Resultados del diseño con entrada de variables estocásticas o aleatorias, para suelos puramente friccionales ($\phi \leq 30$).

RESULTADOS DEL DISEÑO CON VARIABLES ALEATORIAS (Suelos $\varphi > 30°$)												
Combi-nación.	bdis.	Y1	υY1	Y2	υY2	Prob. de Falla	breq.	Y1	υY1	Y2	υY2	Prob. de Falla
10	0,69	113,413	0,098	130,055	0,136	0.536	0,86	113,413	0,098	200,53	0,136	0,020
11	0,69	113,413	0,098	131,935	0,218	0.539	0,98	113,413	0,098	260,70	0,216	0,021
12	0,69	113,413	0,098	136,408	0,349	0.51	1,37	113,413	0,098	510,12	0,339	0,020
13	0,56	113,413	0,098	129,074	0,143	0.561	0,71	113,413	0,098	205,73	0,143	0,019
14	0,56	113,413	0,098	131,173	0,231	0.551	0,82	113,413	0,098	274,73	0,228	0,020
15	0,56	113,413	0,098	136,196	0,37	0.513	1,20	113,413	0,098	589,03	0,358	0,021
16	0,46	113,413	0,098	192,308	0,151	0.499	0,58	113,413	0,098	208,77	0,150	0,020
17	0,46	113,413	0,098	261,34	0,244	0.507	0,68	113,413	0,098	287,29	0,240	0,021
18	0,46	113,413	0,098	599,444	0,393	0.482	1,08	113,413	0,098	725,43	0,378	0,021

Tabla 3.11 Resultados del diseño con entrada de variables estocásticas o aleatorias, para suelos puramente friccionales ($\phi > 30$).

RESULTADOS DEL DISEÑO CON VARIABLES ALEATORIAS (Suelos C)												
Combinación.	bdis.	Y1	υY1	Y2	υY2	Prob. de Falla	breq.	Y1	υY1	Y2	υY2	Prob. de Falla
19	0.62	113,413	0,098	127,82	0,137	0.58	0.980	113,413	0,098	202,037	0,138	0.020
20	0.62	113,413	0,098	128,127	0,258	0.59	1.53	113,413	0,098	316,84	0,260	0.020
21	0.62	113,413	0,098	128,318	0,333	0.58	2,29	113,413	0,098	473,95	0,336	0,020
22	0.42	113,413	0,098	129,881	0,137	0.54	0,65	113,413	0,098	201,00	0,138	0.021
23	0.42	113,413	0,098	130,193	0,258	0.565	1,02	113,413	0,098	316,18	0,260	0,020
24	0.42	113,413	0,098	130,388	0,333	0.562	1,53	113,413	0,098	474,98	0,336	0,020
25	0.31	113,413	0,098	127,82	0,137	0.584	0,49	113,413	0,098	202,03	0,138	0,020
26	0.31	113,413	0,098	128,127	0,258	0.59	0,77	113,413	0,098	318,25	0,260	0,020
27	0.31	113,413	0,098	128,318	0,333	0.581	1,15	113,413	0,098	403,582	0,336	0,020

Tabla 3.12 Resultados del diseño con entrada de variables estocásticas o aleatorias, para suelos puramente Cohesivos.

Se pudo concluir primeramente, a partir de los resultados obtenidos en las tablas anteriores, que para el caso de suelos puramente friccionales, los resultados de la variable que representa la resistencia del sistema, no se ajustaban a una distribución normal, no sucediendo así en los suelos puramente cohesivos. Para contrarrestar esta situación se realizó la prueba de bondad de ajuste a tal distribución, ahora probando que los datos se ajustaban a una distribución lognormal, obteniéndose un resultado favorable para con esta nueva hipótesis.

Según la mayoría de los autores, este fenómeno ocurrido es normal y precisamente la vía de solución es asumir que la variable: capacidad de carga se distribuye lognormalmente, lo cual para nada es un problema, ya que en términos de seguridad, el procedimiento es similar en cuanto a resultados, permitiendo obviar tal diferenciación.

Por otra parte, se puede ver que el coeficiente de variación de la variable respuesta Y_2, se incrementa en la medida en que aumenta el coeficiente de variación ϕ, para un mismo valor de ángulo de fricción interna del suelo, aumentando conjuntamente sus correspondientes coeficientes de variación, no ocurre así con la probabilidad de falla, cuyo valor disminuye cuando para un mismo ángulo de fricción interna del suelo se varía su coeficiente de variación. Sin embargo si se analiza este fenómeno, variando ahora el valor del ángulo de fricción interna del suelo para un mismo coeficiente de variación de esta variable se puede apreciar, como consecuencia, una disminución en la cuantía de Y_2, asimismo resulta notable la disminución de la probabilidad de falla correspondiente a cada caso.

Estas consideraciones citadas en el párrafo anterior son válidas tanto para los resultados obtenidos cuando se desarrolla el análisis con la *b* obtenida, partiendo de los valores medios de las variables, así como para la *b* que garantiza el cumplimiento de la condición de diseño en seguridad, cuyos valores (se hace referencia a los valores de *b*), son por supuesto, superiores a los obtenidos con la primera. Lógicamente, si la *b* de diseño aporta una probabilidad de falla aproximadamente igual al 50%, hay que encontrar, incrementando su valor (el de *b*), un nuevo resultado que disminuya la citada probabilidad, hasta alcanzar el valor requerido (0,02).

En consecuencia con lo expuesto puede afirmarse que para todos los suelos puramente friccionales, analizados en el experimento teórico, se cumplen las citadas consideraciones. Sucede de igual modo cuando se trabaja en suelos puramente cohesivos, sin embargo vale la pena comentar que, para el caso en análisis, la ecuación de la variable Y_2, sólo depende del valor de la cohesión, lo cual implica que al observar lo que ocurre variando la *b* requerida, se puede ver que Y_2 aporta el mismo resultado, para un mismo coeficiente de variación, independientemente a que se eleve el valor de la Cohesión del suelo.

Esto se debe a que, como se está analizando la ecuación de diseño por el primer estado límite en cargas y no en esfuerzos, entonces el término que implica a b ($b - 2 \cdot e_l$), hace que disminuya el resultado final de Y_2 en la medida en que este término, o sea b, disminuye, dado a que tal incremento de la cohesión necesita de un ancho menor para que haga cumplir la citada condición de diseño.

Por último, conviene destacar que cuando se estudia la solución analítica, para calcular la probabilidad de falla, lo cual representa un indicador importante en este tipo de diseño, se ha empleado un método gráfico, consistente en determinar el área bajo la intersección de las curvas Y_2 y Y_1

Para hacer válido este cálculo hay que definir un concepto de gran importancia en la simulación estadística, este no es más que la independencia estadística de variables. Por ejemplo, Rosowsky (1999) plantea que dos eventos A y B, son estadísticamente independientes si la salida de uno no afecta en nada la salida del otro. Por lo tanto, dos variables aleatorias son estadísticamente independientes si la probabilidad de que una variable tome algún valor no afecta en nada la probabilidad de que la otra variable tome cualquier valor.

La consecuencia más importante de este concepto radica en que la probabilidad simultánea de ocurrencia de dos variables aleatorias puede ser calculada como el producto de las probabilidades de cada una de ellas, tal y como se plantea en la siguiente ecuación:

$$Pf = \int_{-\infty}^{+\infty} F_Q(x) \cdot f_F(x)dx$$ [3.9]

Donde:

$F_Q(x)$: Función de distribución de probabilidades de la Resistencia.

$f_F(x)$: Función de densidad de probabilidades de las cargas.

Algunas de estas graficas son las que pueden verse en los gráficos 3.5 y 3.6. Donde:

Fnqbt(x): Función de distribución de probabilidades de la variable Qbt.

FnNm(x): Función de distribución de probabilidades de la variable cargas (Nm).

Y vienen dadas por las expresiones:

$$Fnqbt(x) := \frac{1}{\sigma qbt \cdot \sqrt{2 \cdot \pi}} \cdot e^{\frac{-1}{2} \cdot \frac{(x - \mu qbt)^2}{\sigma qbt^2}}$$ [3.10]

$$FnNm(x) := \frac{1}{\sigma Nm \cdot \sqrt{2 \cdot \pi}} \cdot e^{\frac{-1}{2} \cdot \frac{(x - \mu Nm)^2}{\sigma Nm^2}}$$ [3.11]

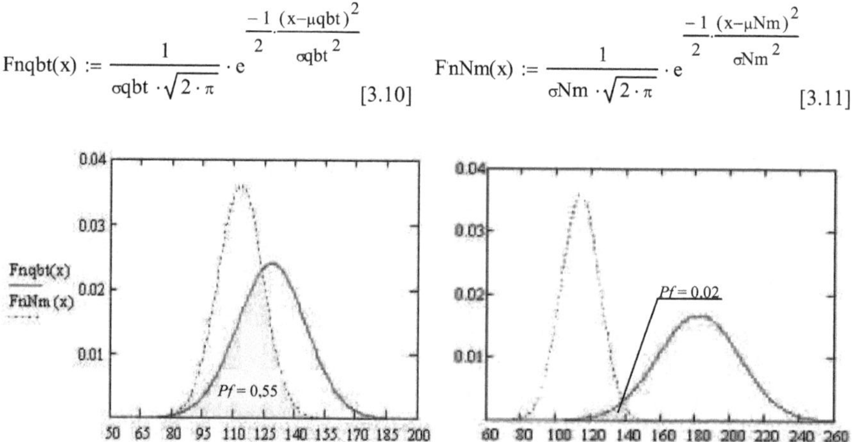

Gráfico 3.6. Curvas de distribución de probabilidades de las cargas y la resistencia para suelos friccionales: a) $\phi = 30°$, $\upsilon = 0.03$, bdiseño = 0.84 m. b) $\phi = 30°$, $\upsilon = 0.03$, brequerida = 1.04 m.

- Con empleo de métodos probabilistas para la búsqueda de la solución.

El punto de partida para la implementación de este paso, se basa en tomar los valores medios resultantes de la generación aleatoria de cada una de las variables declaradas como estocásticas, posteriormente se procede a caracterizar estadísticamente los n valores de las funciones de las cargas actuantes Y_li, a fin de obtener su valor medio, su desviación estándar y su correspondiente coeficiente de variación.

Un paso importante resulta la determinación la σ_{qbr}, a través de la aplicación del método de generalización de teorema de la desviación estándar (σ) y su desarrollo en serie de Taylor.

Es conocido que para una variable de respuesta, en este caso qbr, que es función de varias variables aleatorias de entrada, se puede determinar la desviación de dicha función aplicando el método de generalización del teorema de la desviación estándar y su desarrollo en serie de Taylor, lo cual, de forma general se puede expresar como:

$$\sigma_Y^{\ 2} = \sum \left(\frac{\partial Y}{\partial x_i} \right)^2 \sigma_{xi}^{\ 2} \tag{3.12}$$

Siendo $y = f(x_i)$.

En nuestros casos, la qbr se determina a partir de las ecuaciones (3.3) y (3.4) para suelos friccionales y cohesivos respectivamente, obteniéndose las siguientes expresiones:

Para suelos friccionales:

$$\sigma_{qbr}^2 = \left(\frac{\partial q_{br}}{\partial tg\varphi} \right)^2 \sigma_{tg\varphi}^2 + \left(\frac{\partial q_{br}}{\partial \gamma} \right)^2 \sigma_\gamma^2 \tag{3.13}$$

Considerando como variables aleatorias a φ y γ, y las derivadas de q_{br} con respecto a las variables aleatorias son:

$$\frac{\partial q_{br}}{\partial tg\varphi} = \frac{B\gamma}{2} \left(\frac{\partial N_\gamma}{\partial tg\varphi} \right) \tag{3.14}$$

$$\frac{\partial q_{br}}{\partial \gamma} = (b - 2 \cdot e_b) \cdot l \left(\frac{b - 2 \cdot e_b}{2} N_\gamma \right) \tag{3.15}$$

Las derivadas anteriores se han obtenido de manera exacta sin necesidad de establecer una aproximación, por lo tanto resulta fácil llegar a determinar el coeficiente de variación de qbr a través de la expresión:

$$v_{qbr} = \frac{\sigma_{qbr}}{q_{br}} \tag{3.16}$$

Para el caso de suelos cohesivos el análisis es similar solo que la expresión para determinar la desviación estándar queda:

$$\sigma_{qbr}^2 = \left(\frac{\partial q_{br}}{\partial c}\right)^2 \sigma_c^2 + \left(\frac{\partial q_{br}}{\partial e}\right)^2 \sigma_e^2 \qquad [3.17]$$

Seguidamente se determinan los coeficientes de seguridad y con ellos se llega a obtener el valor del K de diseño a través de la expresión:

$$Kd = \gamma_g \cdot \gamma_f \cdot \gamma_s \qquad [3.18]$$

O alternativamente mediante la expresión:

$$Kd = \frac{Y_2}{Y_1} \qquad [3.19]$$

Luego, conocido $\upsilon y1$ y $\upsilon y2$, en la ecuación general de nivel de seguridad se evalúan los distintos valores del coeficiente de seguridad global K, obteniendo la curva H vs. K del problema analizado. (Se puede hacer el análisis igualmente en términos deβ).

$$H = 0.5 + \phi_n \left[\frac{k-1}{\sqrt{vY_1^2 + k^2 vY_2^2}} \right] \qquad [3.20]$$

Retomando el caso en estudio de esta investigación, se puede plantear que para implementar este paso se parte de los resultados obtenidos en la simulación estocástica de las variables de entrada φ ó C, según sea el análisis, así como de γ, además, de la caracterización estadística de la variable respuesta q_{br}, luego se definen las características de las cargas actuantes, siendo considerada solo la carga vertical centrada y por último se aplica la ecuación general de la teoría de seguridad a fin de definir la curva de nivel de seguridad H vs. K y sobre la misma determinar el punto de diseño a partir del valor del H_{req}; cuyo valor, para el caso de diseños geotécnicos por el primer estado límite, es 0.98.

De aquí que resulte evidente, para el diseño geotécnico de una cimentación corrida, que:

$$Y_1 = N \qquad \sigma_{y1} = \sigma_N$$
$$Y_2 = q_{br} \qquad \sigma_{y2} = \sigma_{qbr} \qquad v_{y1} = \frac{\sigma_N}{N} \quad [3.21] \qquad v_{y2} = \frac{\sigma_{qbr}}{q_{br}} \quad [3.22]$$

Por lo que la ecuación que relaciona H con K para el problema de estudio resulta:

$$H = 0.5 + \phi_n \left[\frac{k-1}{\sqrt{v_N^2 + k^2 v_{qbr}^2}} \right] \qquad [3.23]$$

Conocido el Hrequerido (puede hacerse igual con el βrequerido) del problema analizado, se puede también encontrar el Kopt a utilizar, además, conocida la curva de H vs. K, se pueden realizar otros análisis como por ejemplo, de costo-seguridad, entre otros, todos referidos al problema de estudio.

El análisis anterior, al igual que para el caso analítico, se ha realizado para un valor de b, obtenido mediante un diseño con los valores medios del resto de las variables que intervienen en la ecuación de capacidad de carga, así como para el valor de b que hace satisfacer la condición de diseño en seguridad (Pf≤0.02), o sea H=0.98 (Nivel de seguridad). Esta problemática fue explicada en el paso VIII del epígrafe 3.3.1.

Por otra parte, se realizó el citado análisis, o sea la implementación de toda la metodología de modelación estocástica y el diseño probabilista (Ver Anexo 4), tomando como datos, para una primera variante, los coeficientes de variación devenidos de análisis matemático, tales resultado se compararon con los obtenidos cuando se emplean los coeficientes de variación del análisis aleatorio, comprobándose que estos últimos son realmente los que determinan la aleatoriedad de todo el procedimiento y son los que garantizan de manera práctica y mucho más exacta que se cumplan las condiciones de diseño aplicadas al problema en cuestión. Las tablas 3.13, 3.14, 3.15, 3.16, 3.17 y 3.18 exponen los resultados de la citada aplicación de la teoría de la seguridad al caso en estudio, modelado mediante métodos probabilísticos, tal y como resulta de la aplicación del Anexo 4.

RESULTADOS DEL DISEÑO MEDIANTE METODOS PROBABILISTICOS (Suelos φ, φ≤30, bdiseño) Coeficientes de Variación del Análisis Aleatorio								
Combinación.	bdis.	Y1	υY1	Y2	υY2	Kd	Kopt	Prob. de Falla
1	1,26	126,461	0,095	192,05	0,118	1,02	1,39	0,447
2	1,26	126,461	0,095	129,385	0,287	1,023	2,47	0,47
3	1,26	126,461	0,095	129,49	0,356	1,024	3,75	0,475
4	1,03	126,461	0,095	128,901	0,123	1,019	1,41	0,451
5	1,03	126,461	0,095	129,231	0,303	1,022	2,68	0,473
6	1,03	126,461	0,095	129,325	0,376	1,023	4,42	0,477
7	0,84	126,461	0,095	127,914	0,129	1,011	1,43	0,472
8	0,84	126,461	0,095	128,232	0,32	1,014	2,95	0,483
9	0,84	126,461	0,095	128,313	0,397	1,015	5,44	0,486

Tabla 3.13 Resultados del diseño probabilista, con entrada de variables estocásticas o aleatorias, para suelos puramente friccionales ($\phi \leq 30°$) y empleando la b de diseño.

RESULTADOS DEL DISEÑO MEDIANTE METODOS PROBABILISTICOS (Suelos φ, φ≤30, brequerida) Coeficientes de Variación del Análisis Aleatorio								
Combinación.	breq.	Y1	υY1	Y2	υY2	Kd	Kopt	Prob. de Falla
1	1,47	126,461	0,095	175,652	0,118	1,389	1,39	0,02
2	1,957	126,461	0,095	312,123	0,287	2,468	2,47	0,02
3	2,411	126,461	0,095	474,121	0,356	3,749	3,75	0,02
4	1,21	126,461	0,095	178,185	0,123	1,409	1,41	0,02
5	1,668	126,461	0,095	338,909	0,303	2,68	2,68	0,02
6	2,141	126,461	0,095	558,78	0,376	4,419	4,42	0,02
7	0,998	126,461	0,095	180,56	0,129	1,428	1,43	0,02
8	1,432	126,461	0,095	372,67	0,32	2,947	2,95	0,02
9	1,945	126,461	0,095	687,941	0,397	5,44	5,44	0,02

Tabla 3.14 Resultados del diseño probabilista, con entrada de variables estocásticas o aleatorias, para suelos puramente friccionales ($\phi \leq 30°$) y empleando la b requerida.

RESULTADOS DEL DISEÑO MEDIANTE METODOS PROBABILISTICOS (Suelos φ, $\varphi>30$, bdiseño) Coeficientes de Variación del Análisis Aleatorio								
Combinación.	bdis.	Y1	υY1	Y2	υY2	Kd	Kopt	Prob. de Falla
10	0,69	126,461	0,095	129,09	0,136	1,021	1,45	0,451
11	0,69	126,461	0,095	129,238	0,215	1,022	1,84	0,463
12	0,69	126,461	0,095	129,399	0,338	1,023	3,29	0,474
13	0,56	126,461	0,095	127,988	0,142	1,012	1,48	0,472
14	0,56	126,461	0,095	128,134	0,227	1,013	1,92	0,479
15	0,56	126,461	0,095	128,28	0,356	1,014	3,76	0,485
16	0,46	126,461	0,095	131,323	0,15	1,038	1,5	0,416
17	0,46	126,461	0,095	131,471	0,239	1,04	2,01	0,441
18	0,46	126,461	0,095	131,604	0,376	1,041	4,43	0,46

Tabla 3.15 Resultados del diseño probabilista, con entrada de variables estocásticas o aleatorias, para suelos puramente friccionales ($\phi > 30\,^\circ$) y empleando la b de diseño.

RESULTADOS DEL DISEÑO MEDIANTE METODOS PROBABILISTICOS (Suelos φ, $\varphi>30$, brequerida) Coeficientes de Variación del Análisis Aleatorio								
Combinación.	breq.	Y1	υY1	Y2	υY2	Kd	Kopt	Prob. de Falla
10	0,882	126,461	0,095	183,205	0,136	1,449	1,45	0,02
11	0,925	126,461	0,095	232,261	0,215	1,837	1,84	0,02
12	1,237	126,461	0,095	415,884	0,338	3,289	3,29	0,02
13	0,677	126,461	0,095	187,056	0,142	1,479	1,48	0,02
14	0,77	126,461	0,095	242,254	0,227	1,916	1,92	0,02
15	1,078	126,461	0,095	475,356	0,356	3,759	3,76	0,02
16	0,554	126,461	0,095	190,477	0,15	1,5	1,5	0,019
17	0,64	126,461	0,095	254,492	0,239	2,01	2,01	0,02
18	0,949	126,461	0,095	560,125	0,376	4,429	4,43	0,02

Tabla 3.16 Resultados del diseño probabilista, con entrada de variables estocásticas o aleatorias, para suelos puramente friccionales ($\phi > 30\,^\circ$) y empleando la b requerida.

RESULTADOS DEL DISEÑO MEDIANTE METODOS PROBABILISTICOS (Suelos C, bdiseño) Coeficientes de Variación del Análisis Aleatorio								
Combinación.	bdis.	Y1	υY1	Y2	υY2	Kd	Kopt	Prob. de Falla
19	0.62	126,461	0,095	127,82	0,137	1,01	1,46	0,474
20	0.62	126,461	0,095	128,127	0,258	1,013	2,17	0,481
21	0.62	126,461	0,095	128,318	0,333	1,015	3,19	0,483
22	0.42	126,461	0,095	129,881	0,137	1,027	1,46	0,437
23	0.42	126,461	0,095	130,193	0,258	1,03	2,17	0,458
24	0.42	126,461	0,095	130,388	0,333	1,031	3,19	0,465
25	0.31	126,461	0,095	127,82	0,137	1,011	1,46	0,474
26	0.31	126,461	0,095	128,127	0,258	1,013	2,17	0,481
27	0.31	126,461	0,095	128,318	0,333	1,015	3,19	0,483

Tabla 3.17 Resultados del diseño probabilista, con entrada de variables estocásticas o aleatorias, para suelos puramente cohesivos y empleando la b de diseño.

RESULTADOS DEL DISEÑO MEDIANTE METODOS PROBABILISTICOS (Suelos C, brequerida) Coeficientes de Variación del Análisis Aleatorio								
Combinación.	breq.	Y1	υY1	Y2	υY2	Kd	Kopt	Prob. de Falla
19	0.895	126,461	0,095	184,514	0,137	1,459	1,46	0,019
20	1.328	126,461	0,095	274,439	0,258	2,17	2,17	0,02
21	1.95	126,461	0,095	403,582	0,333	3,191	3,19	0,02
22	0.597	126,461	0,095	184,617	0,137	1,46	1,46	0,019
23	0.885	126,461	0,095	274,336	0,258	2,169	2,17	0,02
24	1.30	126,461	0,095	403,582	0,333	3,191	3,19	0,02
25	0.448	126,461	0,095	184,72	0,137	1,461	1,46	0,019
26	0.664	126,461	0,095	274,439	0,258	2,17	2,17	0,02
27	0.975	126,461	0,095	403,582	0,333	3,191	3,19	0,02

Tabla 3.18 Resultados del diseño probabilista, con entrada de variables estocásticas o aleatorias, para suelos puramente cohesivos y empleando la b requerida.

De los resultados anteriores se concluye, que cuando se trabaja con la b de diseño, los valores de Y_2 generan un resultado menor que cuando se obtienen con la b requerida, ya que de hecho, esta

93

última es más grande, asimismo sucede con los Kdiseño, los cuales son inferiores cuando se obtienen con la *b* de diseño y distan mucho del óptimo, generando valores de probabilidad de falla equivalentes al 50%. Consecuentemente, al incrementar el valor de *b*, se observa inmediatamente una convergencia de los resultados al valor de Koptimo y por ende a una probabilidad de falla igual a 0.02, siendo este, el objetivo final de un diseño por criterios de seguridad. Comparativamente se han graficado algunos de estos resultados (Figuras 3.9 y 3.10).

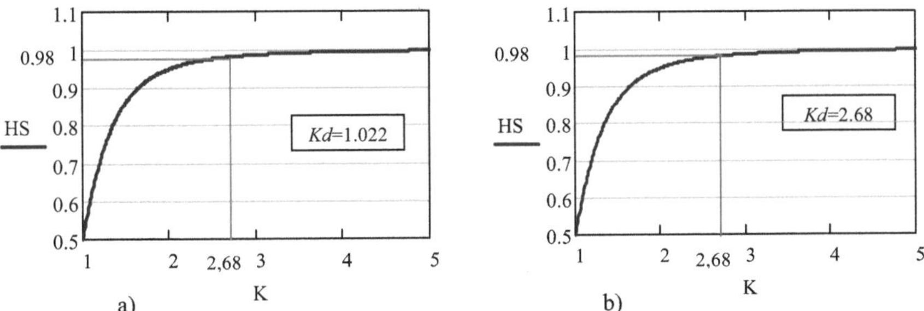

Gráfico 3.8. Nivel de Seguridad vs. Coeficiente de Seguridad para suelos friccionales.

φ=27.5°, $v_{\tan(\varphi)} = 0.08$. a) Empleando *b* de diseño (*bdis*=1.03 m , $v_{qbr} = 0.303$, $v_N = 0.095$),

b) Empleando *b* requerida (*breq*=1.668 m $v_{qbr} = 0.303$, $v_N = 0.095$).

Entrando con el $H_{requerido}$, que en este caso es 0.98, se pueden obtener los valores del $K_{requerido}$ y con este definir el punto de diseño de la estructura, el cual garantiza la seguridad adecuada para la misma.

Vale la pena comentar, además, que a pesar de que las diferencias entre los análisis hechos con coeficientes de variación matemáticos y coeficientes de variación aleatorios, no son sustanciales, con los resultados que devienen de estos últimos se logra una convergencia más rápida a garantizar la condición de diseño en seguridad.

Finalmente puede plantearse, que luego de aplicado este procedimiento novedoso para la simulación estocástica de un problema de ingeniería, y luego de demostrar su factibilidad, específicamente cuando se trabaja considerando la aleatoriedad de todas las variables y por ende de sus coeficientes de variación, valdría la pena observar qué sucede cuando este análisis lo combinamos con la solución numérica del problema. Sobre esta interrogante se habla en el próximo capítulo de esta investigación.

3.4 Conclusiones Parciales.

1. El método de Monte Carlo aporta resultados satisfactorios en la simulación de las variables aleatorias de entrada para serie de valores grandes. En esta investigación, tanto para el caso del ángulo de fricción interna, para la Cohesión así como para el peso específico del suelo, se obtuvo que el valor mínimo de la serie con la que se debía trabajar, para obtener resultados confiables en la variable de respuesta, sería de 4000 juegos de datos.

2. Los resultados de la simulación estocástica con solución analítica han definido la magnitud de los coeficientes de variación de las cargas y la resistencia de los materiales, sin embargo la probabilidad de falla obtenida se dispersa de la condición de diseño por seguridad; por lo que se hizo necesario una solución probabilista del problema, en la cual, los valores de coeficientes de variación de la variable respuesta entre una y otra solución, fuesen aproximadamente iguales.

3. La aplicación de la metodología propuesta, ha revelado un nuevo mecanismo de diseño de estructuras, basado en hacer cumplir la condición básica de la teoría de la seguridad, que establece que el nivel de seguridad de diseño será mayor ó igual al nivel de seguridad

requerido, el cual para el caso de cimentaciones diseñadas por criterio de estabilidad será de 0.98.

4. El procedimiento de diseño desarrollado, parte de la generación aleatoria de todas la variables consideradas bajo este criterio, luego calcula sus parámetros estadísticos y procede a obtener un ancho de cimentación (*b*) mediante un diseño realizado para valores medios de todas la variables, tal resultado representa el punto de partida para un ciclo en el que se incrementa el valor de *b* y que culmina haciendo cumplir la citada condición de diseño en seguridad.

5. Finalmente, se demuestra la factibilidad de combinar los resultados obtenidos en la modelación estocástica con el análisis de la seguridad a partir de la aplicación de los conceptos generales de teoría de la seguridad, permitiendo establecer el punto de diseño correspondiente al nivel de seguridad requerido, estos resultados serán comparados con los obtenidos cuando se desarrolla la solución mediante métodos numéricos.

Capítulo 4. Modelación Estocástica con empleo de solución numérica y Análisis de Seguridad.

4.1 El Método de Elementos Finitos a favor de la disminución de la incertidumbre en la modelación estocástica.

Generalmente, los datos requeridos para una modelación, como son: la distribución espacial de las propiedades de los materiales, los valores de las cargas, etc., se asumen como conocidos, sin embargo, en la práctica, tales datos se obtienen de mediciones realizadas o basado en ciertas hipótesis, todo sujeto a un nivel de incertidumbre. De hecho, es bastante probable tal incertidumbre en los datos, independientemente a que se efectúen aproximaciones ó discretizaciones de los errores.

Normalmente se distinguen dos tipos de incertidumbre: *la incertidumbre aleatoria*, la cual se refiere a una variabilidad intrínseca de ciertas cantidades, por ejemplo: la acción del viento en una estructura, y por otra parte, *la incertidumbre epistémica*, la cual se refiere a la falta de conocimiento sobre ciertos aspectos de un sistema que, en contraste con la incertidumbre aleatoria, pueden reducirse a través de información adicional (Riha, et al., 1999).

La idea de cuantificar la incertidumbre (UQ) es el resultado de un cálculo, que ha recibido mucho interés últimamente. Entre las técnicas de UQ, la más común, es ciertamente ignorar el problema y abordar el mismo con la variabilidad de datos usando las cantidades promediadas; otras técnicas no-estocásticas de UQ incluyen análisis del caso más desfavorable del problema

En los acercamientos estocásticos a UQ, las cantidades inciertas se planean como variables aleatorias, para que las funciones de densidad de probabilidades se vuelvan estocásticas. La forma más real y convincente de hacer esto es mediante el Método de Monte Carlo, en el cual se efectúan muchas generaciones de las variables aleatorias, llevando cada una a una solución determinista del problema, que es entonces resuelto usando cualquiera de los métodos apropiados para problemas deterministas (Riha, et al., 1999).

Un acercamiento reciente que vincula la discretización del modelo formulado con variables aleatorias, lo constituye el Método del Elemento Finito Estocástico (SFEM). Este método permite computar una gran variedad de información estadística, sin embargo es computacionalmente muy costoso.

La formulación convencional del M.E.F no incluye las incertidumbres en los datos, por lo que el SFEM aparece como una valiosa alternativa para la ingeniería, debido a que posibilita tratar datos inciertos, caracterizados estadísticamente, para basar el diseño en el índice de confiabilidad y la probabilidad de falla asociada, ya sea en problemas estacionarios, no estacionarios, lineales y no lineales, abriendo una nueva perspectiva para el tratamiento más racional de una realidad que – por cierto – está muy lejos de poder ser caracterizada en forma determinista.

En la presente investigación no se ha empleado directamente este método, debido a que no se cuenta con el aparato computacional requerido para llevar a cabo este procesamiento, sin embargo, se ha trabajado sobre la base de sus principios esenciales, tomando en consideración, que la discretización del medio, realizada numéricamente toma en cuenta la aleatoriedad de cada una de las variables que inciden en el problema.

En este capítulo se llevará a cabo la modelación estocástica en el ejemplo práctico propuesto, tomando la variabilidad de los datos a partir de las muestras generadas aleatoriamente por el método de Monte Carlo, efectuando así, el diseño mediante un método numérico.

4.2 Modelación estocástica con empleo de métodos numéricos.

La modelación del problema inherente a esta investigación se realizó con la ayuda del software SIGMA/W, el cual emplea el Método de Elementos Finitos en la solución, este permite resolver problemas en dos dimensiones y brinda la posibilidad de definir múltiples modelos de comportamiento del material, de aquí que, por las citadas razones, se ajuste perfectamente a las particularidades del problema de estudio.

4.2.1 Características generales de la modelación del problema.

Las características del modelo se establecieron sobre la base fundamental de la modelación de cualquier problema ingenieril, o sea, el modelo del material, el modelo de las cargas así como la geometría del problema.

El problema sigue siendo el cálculo de la capacidad de carga de una cimentación corrida apoyada sobre el terreno, para suelos puramente friccionales y en un segundo caso para suelos puramente cohesivos; las características específicas son las que se detallan a continuación:

- ⋙ Cimiento corrido superficial, con b = 1m y longitud infinita (l/b = ∞; coeficientes de forma igual a 1).
- ⋙ Profundidad de cimentación: d = 0.

❦ Caso 1. Suelo puramente friccional: $\varphi \neq 0$ y $C = 0$.

❦ Caso 2. Suelo puramente cohesivo: $C \neq 0$ y $\varphi = 0$.

4.2.2 Consideraciones para la generación y calibración de la malla.

Para la modelación geométrica del problema se analizaron distintas variantes en cuanto al espaciamiento de la malla. Inicialmente, se trabaja con cuatro mallas diferentes espaciadas uniformemente. Los valores de espaciamiento empleados para estas primeras cuatro variantes fueron: 0.5 m, 0.25 m, 0.2 m, y 0.1 m. Paralelamente se consideró una malla de densidad variable, siendo finalmente estas, las cinco variantes analizadas. Tales variantes pueden verse en la figura 4.3.

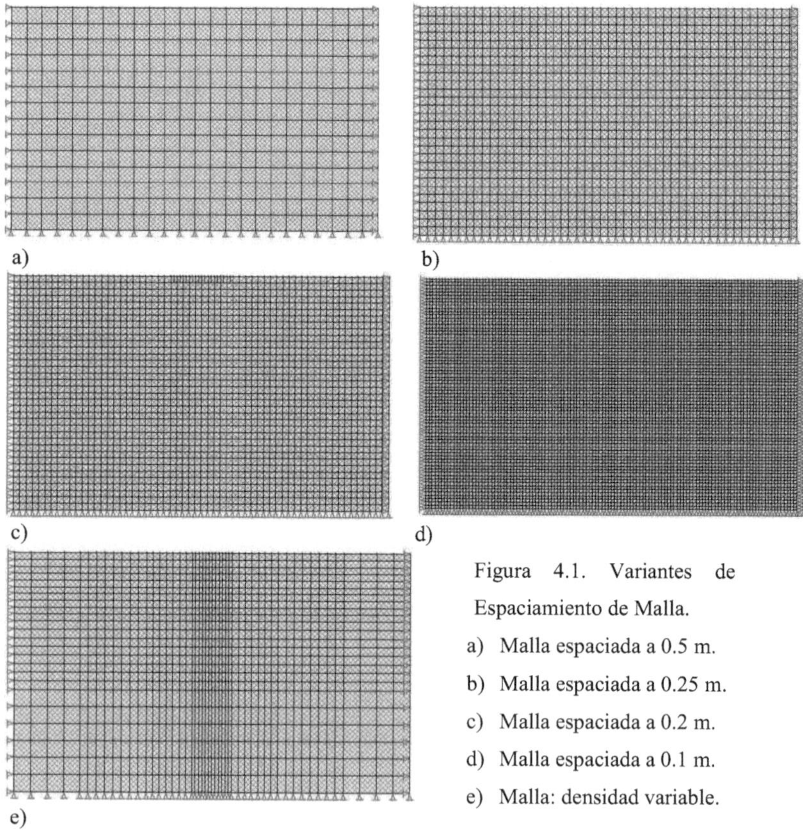

a)

b)

c)

d)

e)

Figura 4.1. Variantes de Espaciamiento de Malla.

a) Malla espaciada a 0.5 m.

b) Malla espaciada a 0.25 m.

c) Malla espaciada a 0.2 m.

d) Malla espaciada a 0.1 m.

e) Malla: densidad variable.

Por otra parte, para la modelación del medio, se valoraron distintas variantes de dimensiones y condiciones de contorno; se tomó un primer modelo de dimensiones equivalentes a 7 m de ancho y 5 m de profundidad, con restricciones en todos sus contornos, es decir, en las direcciones de X y Y, tal y como se muestra en la figura 4.2.

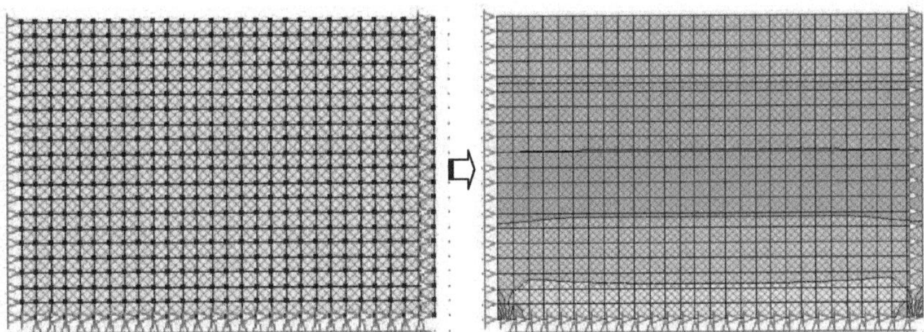

Figura 4.2. Análisis de la influencia del tamaño y restricciones del modelo. A la izquierda de la figura se encuentra la Malla de 7 x 5 m; a la derecha el Estado tensional por peso propio.

Como puede verse en la figura 4.2, bajo estas condiciones y con las dimensiones propuestas, el estado tensional inicial por peso propio del medio, sufre alteraciones, por lo que se hace necesario trabajar con un nuevo modelo, cuyas dimensiones fueran superior al anteriormente propuesto, en este caso se incrementó el ancho a 12 m y a 7 m la profundidad, este nuevo modelo se puede apreciar en la figura 4.3.

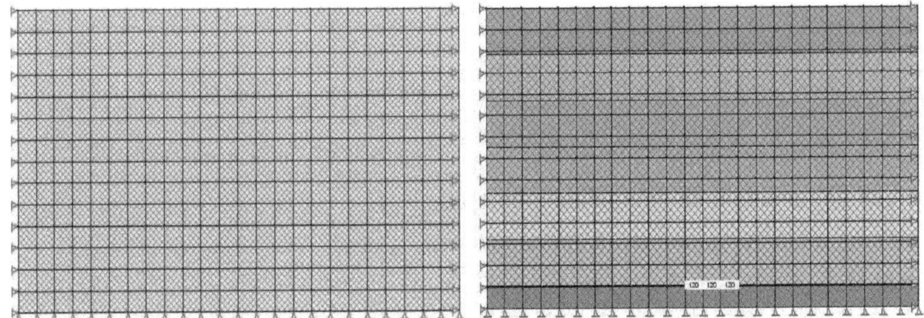

Figura 4.3. Análisis de la influencia del tamaño y restricciones del modelo. A la izquierda de la figura se encuentra la Malla de 12 x 7 m; a la derecha el Estado tensional por peso propio.

En la totalidad de los casos se han obtenido resultados similares, y es importante señalar, que ha medida que se disminuye el espaciamiento de la malla, los resultados se aproximan a los cálculos que se obtienen con métodos clásicos, empleando en estos casos, los valores medios de las variables de entrada; tal disminución tiende a estabilizar la variación de la variable de respuesta en función de la densidad de la malla.

Una representación que muestra la incidencia de la discretización de la malla en los resultados obtenidos puede ser la mostrada en la figura 4.4.

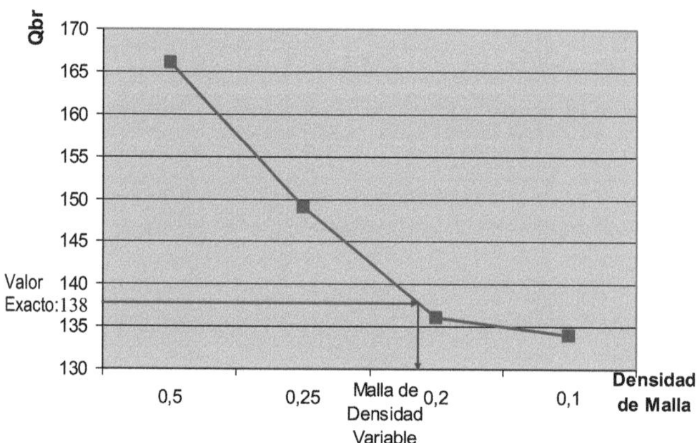

Figura 4.4. Gráfica de Qbr vs. Densidad de malla.

Teniendo en cuenta los resultados obtenidos se ha decidido escoger la malla de densidad variable para el desarrollo de la investigación, ya que la misma garantiza la convergencia con mayor rapidez, se aproxima de manera casi exacta al resultado analítico y a su vez, permite obtener una información mucho más detallada de las zonas que resultan de mayor interés en el modelo.

4.2.3 Modelo del material

Se considera un comportamiento del material Elasto Plástico (Modelo de Mohr - Coulomb); para el primer caso: un suelo friccional con ángulo de fricción, $\varphi = 30°$, ángulo de dilatancia $\psi = 0$, módulo de deformación, Eo = 20000 kPa y Módulo de Poisson, $\mu = 0.30$; para el segundo caso: un suelo puramente cohesivo, con C=60 kPa y el resto de los parámetros análogos al primer caso. La figura 4.5 muestra la interfase de entrada de los citados parámetros, para el caso de suelos puramente friccionales.

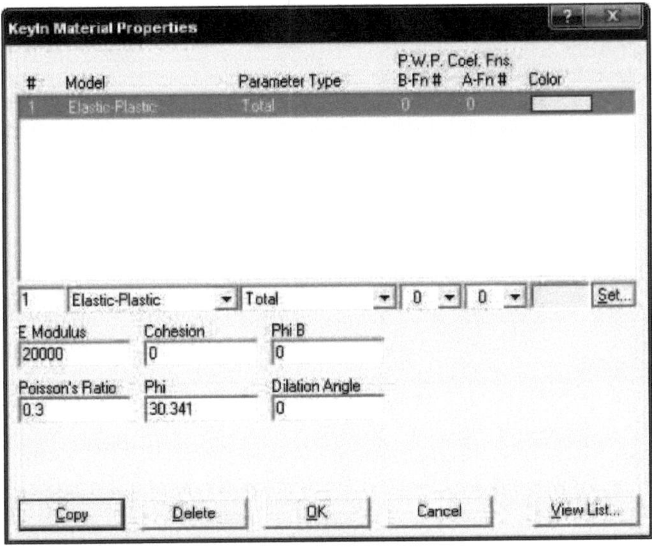

Figura 4.5. Modelo del Material. Suelo puramente Friccional: $\varphi = 30°$

Vale la pena comentar por último, que se ha escogido el modelo elasto plástico, ya que primeramente, es uno de los más usados, debido a su coincidencia con las superficies de falla real de los suelos y por otra parte debido a su sencillez, de aquí que puede ser aplicado a los dos casos en estudio.

4.2.4 Modelo de las Cargas

Las cargas aplicadas sobre la cimentación se modelaron uniformemente distribuidas en todo el ancho del cimiento (b), considerándose el incremento sucesivo de la misma hasta alcanzar la carga de rotura. Este proceso se logra estableciendo una función de Carga vs. Tiempo, obteniéndose como resultado una curva de Esfuerzos Normales vs. Número de iteraciones. En la figura 4.6 se puede ver un ejemplo de la función de cargas, aplicada en escalones sobre la estructura.

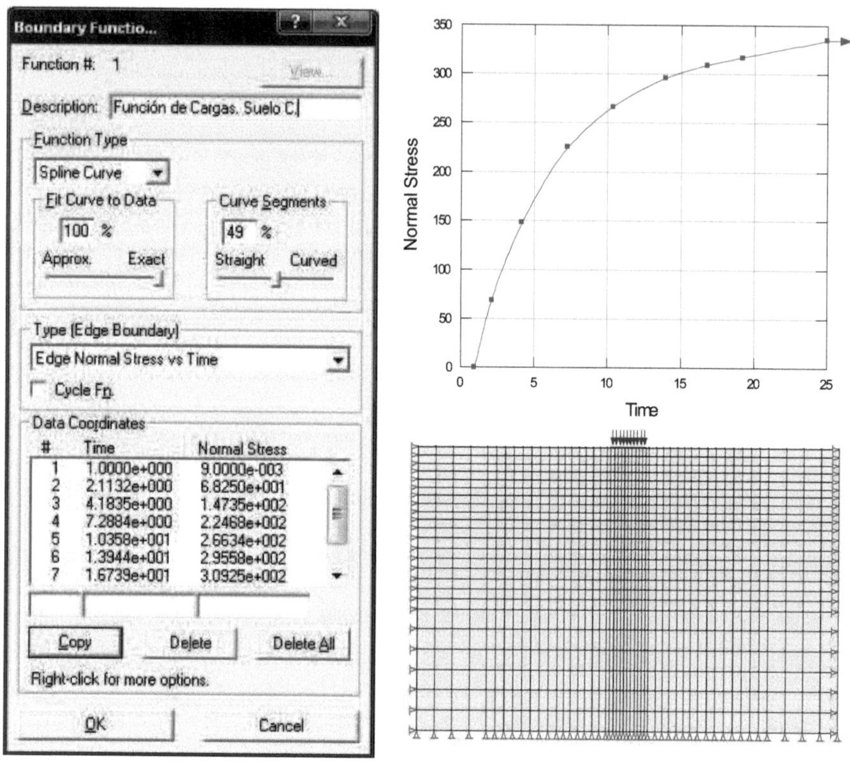

Figura 4.6. Modelo de las Cargas aplicadas. Suelo puramente Cohesivo: C = 60°

4.2.5 Procedimiento de Modelación.

En el proceso de modelación del problema en estudio, primeramente, para el caso de suelos friccionales, se obtuvieron los estados iniciales actuantes en el medio, debidos solamente a su peso propio, sin el efecto de ninguna carga impuesta en el mismo, posteriormente se corre el modelo definitivo, incorporando a este las cargas actuantes en la cimentación, las cuales han sido detalladas en el epígrafe 4.2.4.

Por otra parte, cuando se analiza el caso de suelos puramente cohesivos, no es necesario analizar el estado tensional inicial por peso propio ya que no hay influencia del mismo en el comportamiento del suelo, por cuanto se trabaja directamente con el modelo definitivo.

Los resultados devenidos de correr el modelo, aportan datos de desplazamientos y esfuerzos normales, así como las graficas de deformaciones del suelo para cada incremento de carga durante todo el proceso de cálculo, es decir, para cada iteración y para cada incremento de carga; a partir aquí es posible determinar el momento de plastificación del suelo, y con ello la carga de rotura admisible del mismo. Un ejemplo de estos resultados gráficos puede verse en la figura 4.7

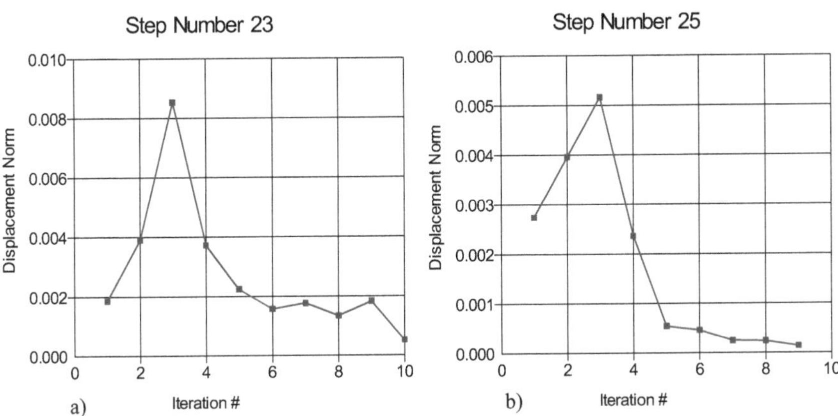

Figura 4.7. Momento de Plastificación del Suelo. a)   Suelo Puramente Cohesivo; b) Suelo puramente friccional.

Vale la pena comentar que a medida que se densifica la malla, las corridas del programa se hacen mucho más costosas en cuanto a tiempo, y llegando a alcanzar tiempos de procesamiento considerables. Sin embargo, cuando se utiliza la malla de discretización variable, la demora de la corrida disminuye significativamente, lográndose además, una excelente caracterización de las zonas más importantes y resultados numéricos muy aproximados a los obtenidos mediante vías analíticas.

De aquí que, conociendo además el momento de plastificación de la masa de suelo, se pueda determinar la carga última ó carga rotura del suelo, lo cual representa el resultado más importante de todo el procedimiento, ya que precisamente lo que se busca es determinar la capacidad de carga de la base de la cimentación.

Los resultados más notables, obtenidos de la modelación numérica, utilizando la malla de densidad variable y tomando como variables de entrada los valores medios de las mismas, pueden apreciarse en los ejemplos de las figuras 4.8, 4.9 y 4.10.

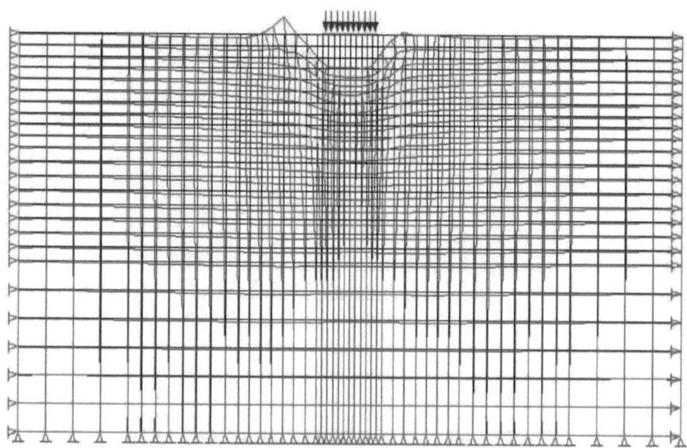

Figura 4.8. Deformada del medio bajo la acción de la carga.

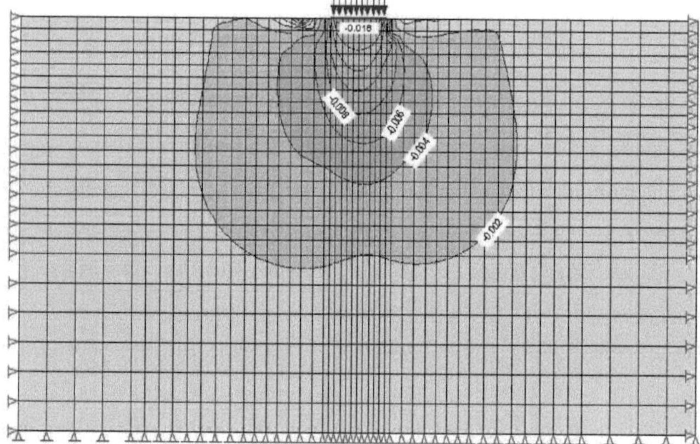

Figura 4.9. Desplazamientos Verticales en el suelo de la base.

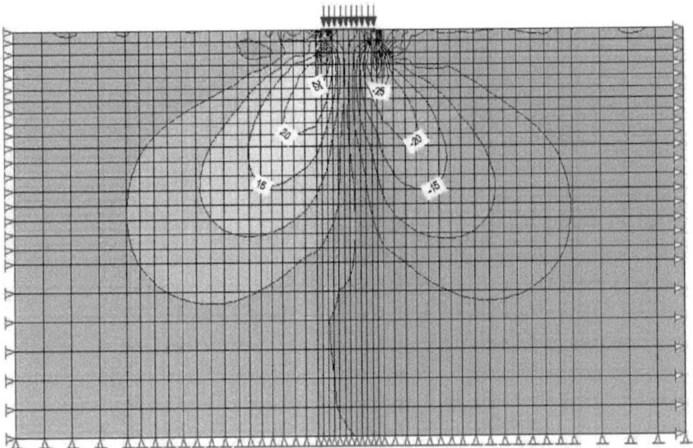

Figura 4.10. Esfuerzos Cortantes en la masa de suelo.

4.3 Análisis de los resultados de la Modelación por el Método de Elementos Finitos.

Tomando como base el procedimiento descrito anteriormente relativo a la modelación numérica por el MEF, se realizó, con los valores medios de las variables de entrada, la modelación para un juego de datos de 4000 valores de cada variable considerada aleatoria, obtenidos de la generación aleatoria de las mismas mediante el Método de Monte Carlo, es decir, se corrieron 4000 variantes para el caso de suelos friccionales (entrando 4000 valores de ángulo de fricción interna del suelo y 4000 valores de peso específico del suelo) y para el caso de suelos cohesivos, se corrieron 4000 variantes, suministrando, de manera similar a suelos friccionales, 4000 valores de la cohesión del suelo.

Estos 4000 valores de cada variable aleatoria, se agruparon en juegos de datos, equivalentes a muestras de tamaño: 10, 100, 500, 1000, 3000 y 4000, por lo que se obtuvo resultados de igual tamaño para la variable respuesta, en este caso la Qbr del suelo.

En las gráficas 4.11 y 4.12 se resumen los resultados obtenidos, en cuanto al valor medio de la capacidad de carga (qbr$_{media}$) y el coeficiente de variación de esta variable (υqbr) para ambos casos de estudio.

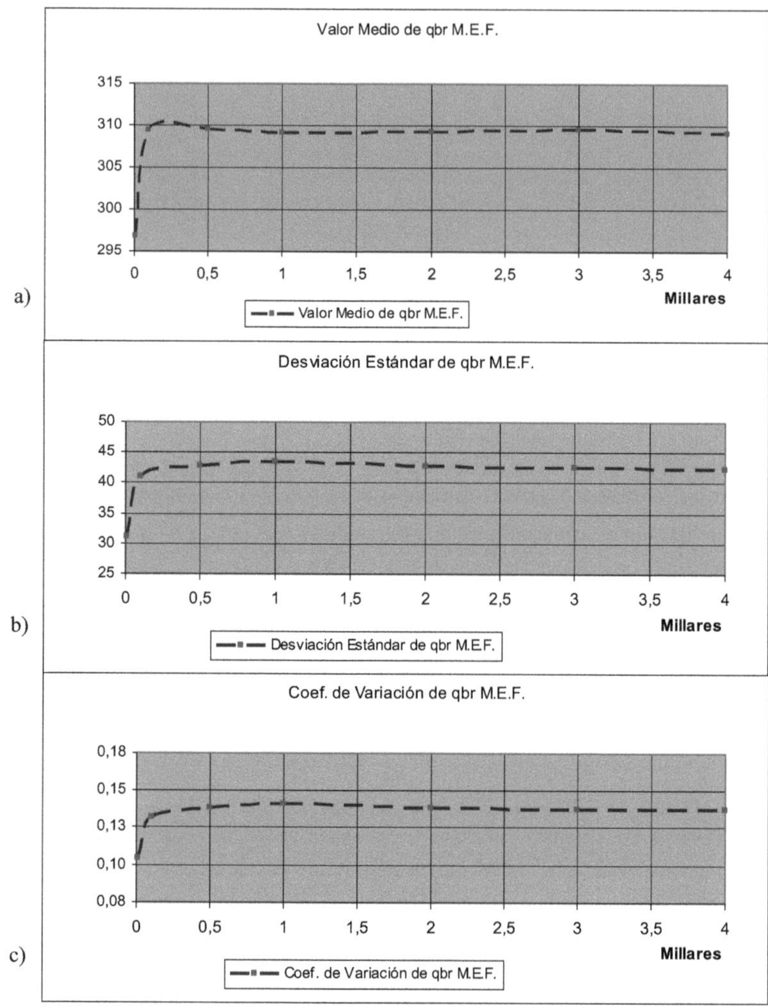

Figura 4.11. Gráficas de estadígrafos para la Qbr obtenida en un suelo Cohesivo (C=60 kPa), mediante el Método de Elementos Finitos, en función del tamaño de la corrida: a) Valor medio de QbrMEF, b) Desviación Estándar de QbrMEF, c) Coeficiente de Variación de QbrMEF.

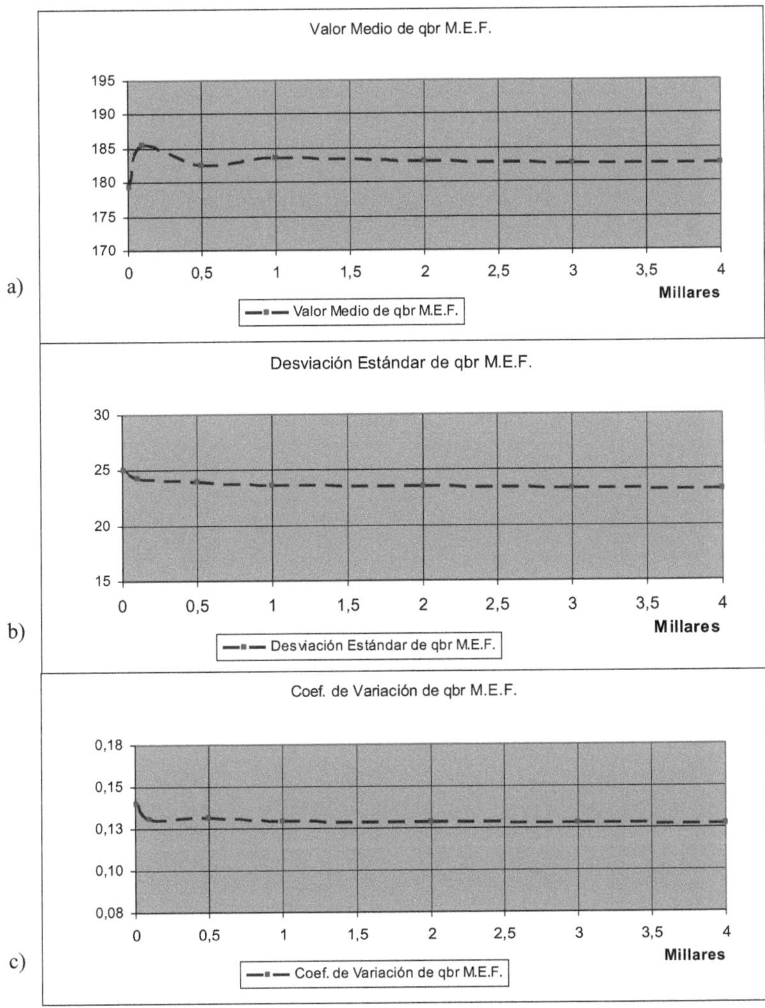

Figura 4.12. Gráficas de estadígrafos para la Qbr obtenida en un suelo friccional ($\varphi=30°$), mediante el Método de Elementos Finitos, en función del tamaño de la corrida: a) Valor medio de QbrMEF, b) Desviación Estándar de QbrMEF, c) Coeficiente de Variación de QbrMEF.

Por otra parte, los resultados anteriores, o sea, los de los estadígrafos de la Qbr, obtenida mediante el M.E.F, han sido comparados con sus homólogos, obtenidos en la solución analítica, Las gráficas 4.13 y 4.14 muestran esta comparación de resultados obtenidos por ambos métodos.

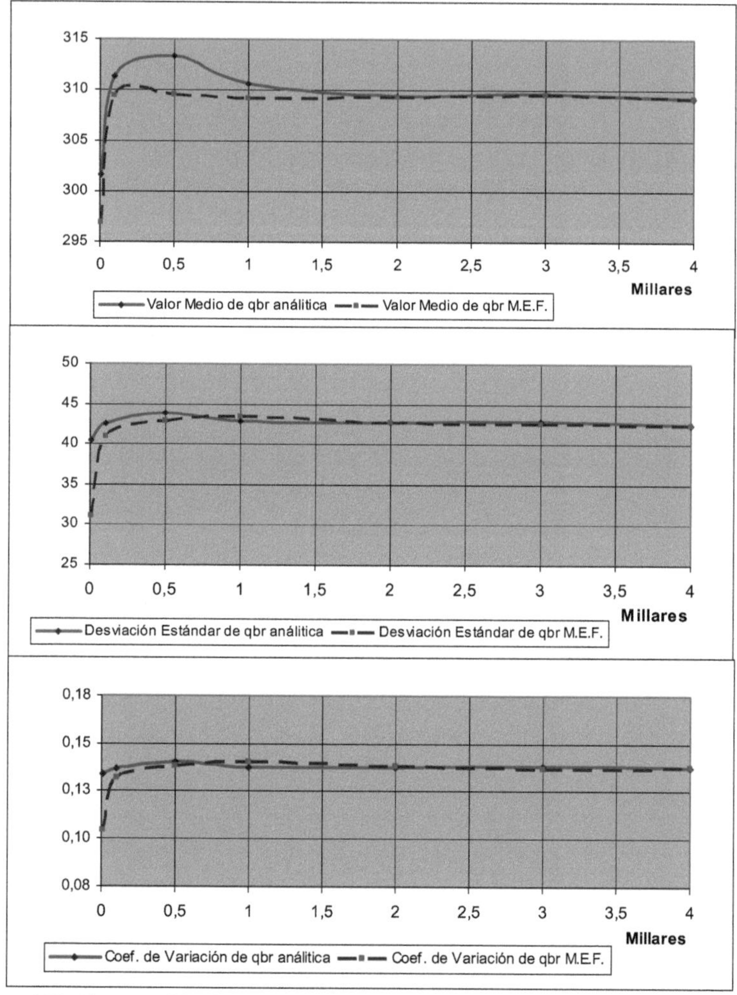

Figura 4.13. Comparación de estadígrafos obtenidos para una qbr resultante de una solución numérica y una resultante de una solución analítica vs. Tamaño de corrida.(Suelo C, C=60 kPa)

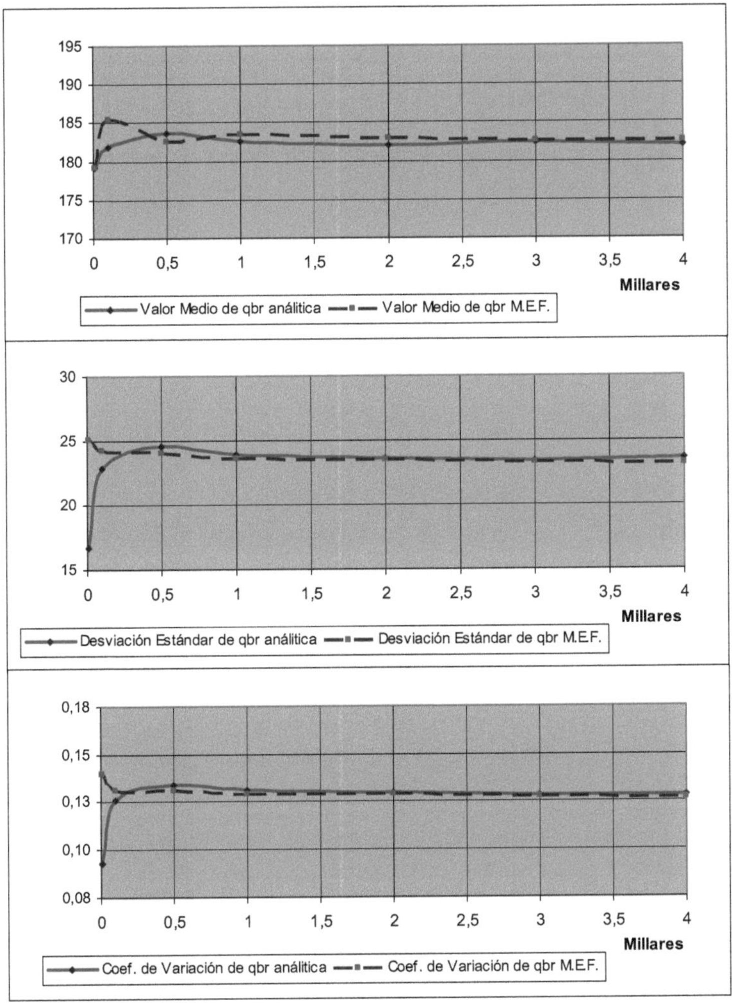

Figura 4.14. Comparación de estadígrafos obtenidos para una qbr resultante de una solución numérica y una resultante de una solución analítica, vs. Tamaño de la corrida. Suelo φ, $\varphi=30°$

Como se puede apreciar en las gráficas anteriores, cuyos datos devienen del Anexo 5, existe coincidencia entre los resultados obtenidos por la modelación numérica y su equivalente realizado por la modelación analítica, lo que valida las consideraciones realizadas en cuanto a las particularidades del modelo numérico considerado.

4.4 Introducción de la Teoría de Seguridad en el Análisis Estocástico por Métodos Numéricos.

La variante empleada para introducir la seguridad en este caso ha sido la introducción externa. El procedimiento a seguir para implementar esta variante consiste en, luego de haber resuelto el problema del cálculo de la capacidad de carga a través del Método de Elementos Finitos, o sea, llevando el problema a la falla, para las n combinaciones de las variables generadas aleatoriamente, se procede entonces a desarrollar el procedimiento de diseño a través del método de la Teoría de Seguridad.

De manera similar a como se explicó en el capítulo 3, se caracterizan estadísticamente los n valores de la función de las cargas resistentes Y_2i calculados, a fin de obtener el valor medio de las cargas resistentes Y_2 y su correspondiente desviación estándar σy_2. De manera similar se obtienen la media y la desviación estándar de las cargas aplicadas y finalmente se determinan los coeficientes de variación de las funciones Y_1 y Y_2 (Expresiones 3.21 y 3.22). Se aplica la ecuación general de la seguridad (Expresión 3.23), evaluando la misma para los distintos valores del coeficiente de seguridad global K y obteniendo finalmente la curva H vs. K del problema analizado.

Este procedimiento ha sido aplicado a los dos casos en estudio, aunque debe aclararse que solo se ha tomado una muestra individual de cada uno, las citadas muestras no son más que los resultados de capacidad de carga obtenidos luego de la aplicación del M.E.F. a través del software SIGMA/W a suelos puramente friccionales, con ángulo de fricción igual a 30 ° y a suelos puramente cohesivos con C= 60 kPa. Los citados resultados, que han sido alcanzados empleando un ancho de cimentación obtenido del diseño con valores medios, pueden apreciarse en la tabla 4.1.

RESULTADOS DE MODELACION ESTOCASTICA CON SOLUCIÓN NUMÉRICA Y DISEÑO PROBABILISTA							
Tipo de Suelo	b_{dis}	Y_1	υy_1	Y_2	υy_2	K_d	K_{opt}	Prob. de Falla
Friccional	1,00	126,461	0,095	182,63	0,127	1,44	1,42	0,016
Cohesivo	0,60	126,461	0,095	184,58	0,137	1,459	1,46	0,019

Tabla 4.1 Resultados del diseño probabilista, con entrada de variables estocásticas o aleatorias y solución numérica del problema (M.E.F.), para un suelo puramente friccional (ϕ =30°) y uno puramente cohesivo (C=60 kPa).

De la tabla anterior se puede concluir que trabajando con una _b_ de diseño, para ambos tipos de suelos, se alcanzan resultados inmediatos favorables en cuanto a seguridad, ya que el valor del coeficiente K, se aproxima al valor deseado de este, lo cual contribuye a satisfacer la condición de diseño en términos de seguridad, por supuesto que esto significa, que la b escogida está muy próxima a la b requerida.

Como conclusión, por ahora, solo se hace importante plantear que para ambos casos es factible aplicar el diseño, a resultados obtenidos en soluciones numéricas, por medio del método de la teoría de seguridad.

4.5 Análisis estadístico comparativo de la variable Capacidad de Carga, obtenida por los diferentes métodos implementados.

La modelación estocástica de un problema de cálculo de capacidad de carga en una cimentación corrida, para un primer caso, apoyada directamente sobre un suelo puramente friccional y en un segundo caso, sobre uno puramente cohesivo, ha sido implementada por tres métodos diferentes. Primeramente, efectuando simulación de Monte Carlo a las variables consideradas aleatorias y dando solución analítica al problema, llegando a obtener, mediante métodos matemáticos, el valor de la probabilidad de falla de la estructura (Método 1); el segundo método empleado se basó en generar aleatoriamente las variables a través del Método de Monte Carlo y realizar, con los valores de los estadígrafos obtenidos en la muestra generada, un diseño probabilista de la estructura empleando la teoría de la seguridad (Método 2); por último, se lleva a cabo la generación aleatoria de variables mediante el Método de Monte Carlo, dándole ahora una solución numérica al problema a través del Método de Elementos Finitos para lo cual se emplea cada combinación de las citadas variables generadas aleatoriamente y finalmente se diseña a través del método de la Teoría de Seguridad (Método 3).

Los resultados devenidos de la aplicación de cada uno de los métodos enunciados se pueden ver en la Tabla 4.2 y 4.3.

Método	Valor Medio	Desviación Estándar	C.O.V.	Probab. de Falla	Kdis.	Kreq.
Modelac. Estocástica + Diseño Analítico	181.745	23.61	0.129	0.045	-	-
Modelac. Estocástica + Diseño Probabilista	180.56	23.32	0.129	0.020	1.428	1.430
Modelac. Estocástica + Solución M.E.F. + Diseño probabilista	182.63	23.18	0.127	0.016	1.440	1.420

Tabla 4.2 Resultados Estadísticos de la Capacidad de Carga en suelos friccionales, derivados de diferentes métodos.

Método	Valor Medio	Desviación Estándar	C.O.V.	Probab. de Falla	Kdis.	Kreq.
Modelac. Estocástica + Diseño Analítico	184.610	25.338	0.1372	0.046	-	-
Modelac. Estocástica + Diseño Probabilista	184.617	25.338	0.1380	0.020	1.46	1.46
Modelac. Estocástica + Solución M.E.F. + Diseño probabilista	184.580	25.338	0.1372	0.019	1.459	1.46

Tabla 4.3 Resultados Estadísticos de la Capacidad de Carga en suelos cohesivos, derivados de diferentes métodos.

Teniendo en cuenta, los resultados de las tablas 4.2 y 4.3, puede verse, en primer lugar, que la implementación de la modelación estocástica vinculada al análisis de seguridad aporta resultados confiables y precisos, en este caso, para la determinar la variable capacidad de carga; en segundo lugar, puede verse que el método de modelación estocástica vinculado al diseño aplicando Teoría de Seguridad (Método 2), garantiza que se cumpla la condición de diseño en seguridad, o sea que el K de diseño sea igual al requerido, lo que no es más que la seguridad sea mayor igual que la seguridad requerida para estos casos (0.98). Por supuesto que estos valores que se muestran en la tabla del coeficiente de seguridad K, han sido calculados para un ancho de cimentación que fue previamente calculado con los valores medios de las variables, como ya se ha explicado en el capitulo 3, y que se fue variando hasta garantizar que se cumpliera la citada condición de diseño en términos de seguridad. Este valor de b, no es el requerido, por ejemplo para la solución analítica, por cuanto, los resultados de probabilidad de falla, no son los más deseados, para esto se debe incrementar el valor de b a 1.04. Finalmente, cuando se desarrolla la solución a través del método de elementos finitos, y se vincula a un diseño mediante métodos probabilísticos, los resultados son ligeramente más exactos y se logra reducir la variabilidad, aunque la desventaja elemental del mismo radica en el alto costo computacional que se requiere para desarrollarlo. Nótese que en esta investigación sólo se ha trabajado un caso, en el que existen varias hipótesis que simplifican el problema y lo conducen a un análisis de dos variables, tomando para el caso de suelos cohesivos, las mismas consideraciones que para los friccionales.

Por último, es importante destacar que el empleo del método estocástico de elementos finitos, que no es más que la aplicación interna del Método de Monte Carlo en las ecuaciones que rigen el citado método, pudiera ser empleado en problemas de naturaleza ingenieril más compleja, o sea, cuando realmente se justifique su empleo, ya que para ello, primero hay que encontrar la base computacional que pueda generar integradamente ambos códigos, y luego vincularlo a la teoría de la seguridad, lo cual sería bastante extenso, de aquí que se pueda concluir que para casos más comunes el método a emplear será el segundo de los propuestos, dado por la realización en esta investigación de la metodología completa para este fin, ya programada sobre bases computacionales y la cual ha sido comprobada en esta investigación.

4.6 Conclusiones parciales.

1. El empleo del Método de Elementos Finitos en la modelación del problema propuesto se basó en las siguientes consideraciones: características del mallado, modelación de las carga y modelación del material, de aquí que se puede concluir que el citado método es factible de aplicar en la solución de problemas ingenieriles, aportando resultados satisfactorios en el cálculo de la capacidad de carga.

2. Como resultado de la modelación numérica a los n juegos de datos obtenidos en la simulación de Monte Carlo, se puede concluir que, trabajando con tamaño de muestra igual a 4000, los resultados obtenidos son muy optimistas comparados con los obtenidos en investigaciones anteriores, trabajando con 100 juegos de datos de las variables de entrada, valor insuficiente para la obtención de resultados satisfactorios de la variable de respuesta.

3. Definitivamente, con la aplicación de la modelación estocástica empleando solución numérica, se logra reducir la variabilidad de la variable resultante, y por lo tanto se reduce la incertidumbre generada durante todo el proceso de diseño, por lo que definitivamente es el método a aplicar en problemas de alta complejidad, siempre y cuando se cuente con la base computacional requerida para este propósito.

4. El diseño mediante métodos probabilistas puede ser vinculado a una modelación estocástica con solución numérica, tomando los valores medios de la variable resultante y el coeficiente de variación de la misma, además es posible aplicar la ecuación general de la seguridad y obtener el nivel de seguridad de la estructura, lo cual constituye el objetivo final de una verdadera y completa modelación estocástica.

Conclusiones Generales

En la presente investigación se ha presentado la modelación de problemas de ingeniería geotécnica a través del diseño de una metodología insertar un nuevo enfoque en la solución de cualquier problema ingenieril, en este caso sobre bases probabilísticas, haciendo uso de técnicas que emplean generación aleatoria, específicamente el Método de Monte Carlo. Este proceso de modelación ha sido vinculado con un diseño de la estructura también sobre bases probabilistas, llegando a conclusiones parciales de los diferentes temas tratados en el cuerpo de la tesis. Por tal razón enunciaremos solo las conclusiones más generales obtenidas en la investigación, y que están estrechamente relacionadas con los objetivos y tareas científicas planificadas en la misma.

1. Se propone el uso de una metodología para llevar a cabo el proceso de modelación estocástica, esta se basa en diseñar el modelo, especificar distribuciones de probabilidad para las variables aleatorias relevantes, muestrear estos valores empleando el método de Monte Carlo, calcular el resultado del modelo y registrarlo, repitiendo el proceso hasta obtener una muestra estadísticamente representativa, se calcula la distribución de frecuencias del resultado de las iteraciones y se realiza un análisis estadístico descriptivo de lo resultados.

2. Luego de consultar numerosas investigaciones de diversos autores, se ha logrado resumir la caracterización estadística de las principales variables aleatorias que intervienen en los diseños geotécnicos, cargas actuantes y propiedades físico-mecánicas de los suelos, facilitando con ello la aplicación de métodos estocásticos en la modelación de cualquier problema geotécnico que se quiera abordar.

3. Se ha demostrado que el Método de Monte Carlo es eficiente para solucionar problemas ingenieriles complejos, cuando la cantidad de muestras generadas es elevada, el mismo, para serie de valores superiores a 4000 valores, aporta resultados satisfactorios en la simulación de las variables aleatorias de entrada, esto permite que se puedan transformar tales variables continuas, cuya distribución de probabilidades es conocida, en una serie de

valores discretos representativos de la distribución, de manera que se obtengan con este valor, resultados confiables en la variable respuesta.

4. Se ha implementado, en un ejemplo práctico de la ingeniería geotécnica un procedimiento eficiente para realizar la modelación estocástica convencional de problemas ingenieriles, para ello se parte del diseño del modelo, su caracterización estadística y posteriormente se procede a la aplicación del código de Monte Carlo en las variables aleatorias, chequeando por último, los estadígrafos y la convergencia del proceso. El citado procedimiento concluye con la obtención, mediante vías matemáticas, de la seguridad del diseño, la cual debe aproximarse al valor deseado de la misma a través de un proceso iterativo que se basa en variar el ancho de la cimentación hasta lograr una probabilidad de falla equivalente a 0.02. Esto constituye una primera variante para desarrollar la denominada modelación estocástica integral, o sea, complementada con un análisis de seguridad, tal y como tienden a efectuarse estos procesos a escala internacional.

5. Se ha aplicado una metodología para el diseño de estructuras, basada en combinar los resultados obtenidos de la modelación estocástica con un diseño probabilista, es decir, haciendo cumplir la condición básica de la teoría de la seguridad, que establece que el nivel de seguridad de diseño sea mayor ó igual al nivel de seguridad requerido, el cual para el caso de cimentaciones diseñadas por criterio de estabilidad será de 0.98, puede ser exitosamente aplicada cuando se conoce la ecuación de diseño, la solución analítica de la variable de respuesta y la caracterización estadística de las variables de entrada, obteniéndose, para los casos en los cuales se ha aplicado, resultados acertados en la variable de salida, en este caso, la capacidad de carga.

6. El diseño mediante métodos probabilistas puede ser vinculado a una modelación estocástica con solución numérica, tomando los valores medios de la variable resultante y el coeficiente de variación de la misma, puede aplicarse la ecuación general de la seguridad y obtenerse el nivel de seguridad de la estructura, lo cual constituye el objetivo final de una verdadera y completa modelación estocástica.

7. Se ha demostrado, con la aplicación de la modelación estocástica empleando solución numérica, que se puede reducir la variabilidad de la variable resultante y por lo tanto la incertidumbre generada durante el proceso de diseño en relación al resto de los métodos propuestos, por lo que, definitivamente, es el método a aplicar en problemas de alta complejidad, siempre y cuando se cuente con la base computacional requerida para este propósito.

8. Finalmente se puede concluir que el método estocástico de elementos finitos, que no es más que la aplicación interna del Método de Monte Carlo en las ecuaciones que rigen el citado método, se puede usar en problemas de naturaleza ingenieril más compleja, o sea, cuando realmente se justifique su empleo, ya que para ello, primero hay que encontrar la base computacional que pueda generar integradamente ambos códigos, y luego vincularlo a la teoría de la seguridad, lo cual sería bastante extenso.

9. Ha quedado demostrado la efectividad de la metodología propuesta cuando esta es aplicada en cualquiera de sus variantes, aunque que la variante que aportó resultados más exactos fue con el empleo de solución numérica, sin embargo tal método requiere de un elevado costo computacional, lo cual lo hace poco factible para casos prácticos comunes, de aquí que para casos más comunes, el método a emplear será el que combina la modelación estocástica con el diseño probabilista, debido a su exactitud y su bajo consumo computacional.

Recomendaciones

Independientemente a los resultados obtenidos en esta investigación, y tomando en consideración que este trabajo representa el pionero de investigaciones con este formato probabilista integrado, es preciso aclarar que muchos aspectos relacionados con una verdadera modelación estocástica deben ser incorporados en investigaciones futuras. Entre los que se pueden mencionar:

1. Implementar una base computacional capaz de integrar en un solo software, todo el procedimiento descrito para la modelación estocástica empleando solución numérica y vinculando la misma a un diseño probabilista, haciendo uso de la Teoría de la Seguridad.

2. Implementar el diseño probabilista, en el caso particular en que se emplea solución numérica, aplicando internamente la seguridad para cada punto discretizado del medio, luego de haber sido caracterizadas estocásticamente cada una de las variables incidentes en el problema.

3. Con la aplicación en el diseño geotécnico de la modelación estocástica, vinculada al diseño probabilista, es necesario revisar los criterios de diseño vigentes, ya que esta nueva metodología simplifica en buena medida la complejidad de un diseño geotécnico.

4. Incorporar los resultados obtenidos en este trabajo, a la propuesta de norma actual para el diseño geotécnico de cimentaciones, acompañado de un software que facilite la implementación de la metodología creada para la modelación estocástica a ingenieros y proyectistas geotécnicos, permitiendo una mejor asimilación y más rápida introducción en las Empresas de Proyectos y demás entidades vinculadas a esta temática.

Bibliografía

1. Abdallah I., H. M.; Malkawi, H.; Waleed F., Hassan, y A. Fáyez A., (2000) "Uncertainty and reliability analysis applied to slope stability" en *Structural Safety*. Vol. 22, pp. 161 – 187.

2. ACI Committee 318, (1983) *Building Code Requirements for Reinforced Concrete*, Detroit, American Concrete Institute.

3. ADHIKARI, S. (2005) "Asymptotic distribution method for structural reliability analysis in high dimensions" en *The Royal Society*, August, 2005, pp. 3141–3158.

4. AISC, (1986) *Manual of Steel Construction*, 1st Ed., Chicago.

5. Álvarez, L., (1998) *La Estabilidad de Cortinas de Presas de Tierra mediante la solución de los Estados tenso-deformacionales y la Aplicación de la Teoría de Seguridad.* Tesis presentada en opción al Grado Científico de Doctor en Ciencias. La Habana, Comisión de Grado Científico de la República de Cuba.

6. Army Corps of Engineers, (2006) "Reliability Analysis and Risk Assessment for Seepage and Slope Stability Failure Modes for Embankment Dams" en *Engineer Technical Letter*. Vol. 1110-2-561, January 31, 2006.

7. B. Sudret, B.; Defaux, G. y M. Pendola. (2005) "Time-variant finite element reliability analysis – application to the durability of cooling towers" en *Structural Safety*. Vol. 27, 2005. pp. 93–112.

8. Baikie, L. D., (1998) "Comparison of limits state design methods for bearing capacity of shallow foundations." en *Canadian Geotechnical Journal*. Vol. 35, pp.175 – 182.

9. Becker D. E., (1996) "Eighteenth Canadian Geotechnical Colloquium: Limit States Design for Foundations. Part I. An overview of the foundation design process." en *Canadian Geotechnical Journal*. Vol. 33, pp. 956 – 983.

10. Blazquez, R., (1984) *Geoestadística aplicada a la mecánica de suelos / R..* Madrid, CEDEX.

11. Bratley, P.; Fox, B. L y L. E. Schrage (1987) *A guide to simulations*, Springer Verlag, N.Y., 1987

12. Brinch Hansen, J. y S. Inan., (1970) "A revised and extended formula for bearing capacity." en *The Danish Geotechnical Institute*. 1970, Bulletin No 28, Copenhagen.

13. Brinch Hansen, J., (1956) "Limit design and safety factors in soil mechanics" *en The Danish Geotechnical Institute*. 1956, Bulletin No. 1, Copenhagen.

14. Brinch Hansen, J., (1961) "A general formula for bearing capacity." en *The Danish Geotechnical Institute*. 1961, Bulletin No 11, Copenhagen.

15. Buonopane, S. y B. W. Schafer. (2006) "Reliability of Steel Frames Designed with Advanced Analysis" en *Journal of Structural Engineering*. February, 2006. pp. 267.

16. Centeno, R. R. (2002) "Simulación de Monte Carlo y su aplicación a la Ingeniería Geotécnica" en *VIII Conferencia Gustavo Pérez Guerra*. Universidad Central de Venezuela. Escuela Ingeniería Civil. Caracas – Venezuela.

17. Charles Elegbede, C. (2005) "Structural reliability assessment based on particles swarm optimization" en *Structural Safety*. Vol. 27, 2005. pp. 171–186.

18. Cherubini, C.; Giasi, C. I. y L. Rethati., (1993) *The coefficients of variation of some geotechnical parameters. Probabilistic methods in Geotechnical Engineering*. Editado por K. S. Li y S. –C. R. Lo. A.A. Balkema, Rotterdam, pp. 179 – 184.

19. Christian, J., (2004) "Geotechnical Engineering Reliability: How Well Do We Know What We Are Doing?" en *Journal of Geotechnical and Geoenvironmental Engineering*. October 2004, pp. 985 – 1003.

20. Danish Geotechnical Institute, (1978) "Code of Practice for Foundation Engineering", Bulletin 32, GI, Copenhagen, 1978, pp. 52-63.

21. Danish Geotechnical Institute, (1985) "Code of Practice for Foundation Engineering", Bulletin 36, DGI, Copenhagen, 1985, pp. 53-61.

22. Day, P., (1999) "South African loading code: Past, present and future" en *Magazine of the South African Institution of Civil Engineers*, Yeoville.

23. Day, R., (1997) *Limit states design in geotechnical engineering – consistency, confidence or confusion?*. Department of Civil Engineering, The University of Queensland.

24. Day, R., (1997) *Safety factors in Austroads retaining wall design*. Department of Civil Engineering, The University of Queensland.

25. Day, R., (1997) *Structural limit states design procedures in geomechanics*. Department of Civil Engineering, The University of Queensland.

26. Day, R., (1998) *Limit state design for structures and geomechanics- What does it really mean?*. Department of Civil Engineering, The University of Queensland..

27. Der Kiureghian, A.; Aucas, T. y K. Fujimura. (2006) "Structural reliability software at the University Of. California, Berkeley" en *Structural Safety*. Vol. 28, 2006. pp. 44–67.

28. Ditlevsen, O. y H.O. Madsen. (2005) *Structural Reliability Methods. Monograph*. First edition published by John Wiley & Sons Ltd, Chichester, 1996, ISBN 0 471 96086 1. Internet edition 2.2.2. [En línea], January, 2005. Denmark, disponible en: http://www.mek.dtu.dk/staff/od/books.htm. [Accesado el 20 de Julio del 2010].

29. Eiermann, M.; Ernst, O. y E. Ullmann, (2005) "Computational aspects of the Stochastic Finite Element Method en *Algoritmy 2005*, pp. 1–10. Bergakademie freiberg, Institut fur Numerische Mathematik und Optimierung. Freiberg, Germany.

30. Ermolaev, E. E. y P. L. Klemiatsionok., (1975) "Asuntos principales sobre la teoría de seguridad de las bases de las construcciones" en *Construcción y Arquitectura*. 1975, Vol. 11, pp. 28-34.

31. Ermolaev, E. E. y P. L. Klemiatsionok., (1976) *Sobre la seguridad normativa y el camino para su establecimiento*. Leningrado.

32. Ermolaev, E. E. y V. V. Mixeev., (1976) *Seguridad de las bases de las construcciones*. Leningrado, Striisdat.

33. Ermolaev, E. E.: Klemiatsionok, P. L. y V. A. Alpisova., (1977) *Determinación del nivel de seguridad normativo por estabilidad*. Leningrado.

34. Ermolaev, E. E.; Klemiatsionok, P. L. y V. V. Volkov., (1977) *Sobre la relación entre la probabilidad confiable de las características de los suelos de las bases y su nivel de seguridad*. Leningrado.

35. Eurocódigo 1., (1997) *Bases de Proyecto y Acciones en Estructuras. Parte 1: Bases de proyecto*. AENOR, Madrid. España

36. Eurocódigo 7. (1999) *Proyecto Geotécnico. Parte 1: Reglas generales*. ARNOR. Madrid, España.

37. Fadeev, A., (2000) "National report on Limit State Design in Geotechnical Engineering: Russia." en *LSD 2000: International Workshop on Limit State design in Geotechnical Engineering*. Melbourne, Australia.

38. Faulín, J. y Juan, A. A., (2005) "Simulación de Monte Carlo con Excel" en *Técnica Administrativa* [En línea] V. 5, nº 1, julio/septiembre 2005, Buenos Aires, disponible en: http://www.cyta.com.ar [Accesado el 6 de Julio del 2006].

39. Fenton, G. A. y D. V. Griffiths, (2000) "Bearing Capacity of Spatially Random Soils" en *8th ASCE Specialty Conference on Probabilistic Mechanics and Structural Reliability.*

40. Fenton, G. A., (1999) "Estimation for stochastic soil models" en *Journal of Geotechnical and Enviromental Engineering.* Junio 1999, pp. 470-485.

41. Fernández, H. y I. Duarte. (1998) *Estudio del comportamiento no lineal de pilotes cargados lateralmente usando elementos finitos tridimensionales.* Procceding XI Congreso Brasileño de Mecánica de Suelos e Ingeniería Geotecnica, pp. 377-383.

42. Florian, F., (1992) "An Efficient Sampling Scheme: Updated Latin Hypercube Sampling" en *Probabilistic Engineering Mechanics,* Vol. 7, 1992, pp. 123-130.

43. Frank, R. y J. P. Magnan., (2000) "National report on Limit State Design" en *Geotechnical Engineering: France" LSD 2000: International Workshop on Limit State design.* Melbourne, Australia.

44. González, A. V., (1997) *Diseño de cimentaciones superficiales en arenas. Aplicación de la Teoría de la Seguridad..* Tesis presentada en opción al Grado Científico de Doctor en Ciencias. La Habana, Comisión de Grado Científico de la República de Cuba.

45. Greco, V. R., (2003) "Discussion of an efficient search method for finding the critical circular slip surface using the Monte Carlo technique" en *Canadian Geotechnical Journal.* Vol. 38, pp. 1081–1089.

46. Green, R. y D. Becker., (2000) "National report on Limit State Design" en *Geotechnical Engineering: Canada. LSD 2000: International Workshop on Limit State design.* Melbourne, Australia, 2000.

47. Griffiths, D. V.; Gordon A.; Fenton, M. and N. Manoharan, (2002) "Bearing Capacity of Rough Rigid Strip Footing on Cohesive Soil: Probabilistic Study" en *Journal of Geotechnical and Geoenvironmental Engineering.* September 2002, pp. 743 -755.

48. Grupo de trabajo 4/5 de ACHE, (2003) *Evaluación de estructuras existentes mediante Métodos Semiprobabilistas. Revisión bibliográfica.*

49. Gupta, S. y C.S. Manohar., (1997) "Uncertainties in probabilistic numerical analysis of structures and solids stochastic finite elements" en *Structural Safety*. Vol. 19, pp. 283–336.

50. Gupta, S. y C.S. Manohar., (2004) "An improved response surface method for the determination of failure probability and importance measures" en *Structural Safety* Vol. 26, pp. 123–139.

51. Gusmão Filho, J.A. y A.D. Gusmão., (2000) "Compaction Piles for Building Foundation" en *International Conference on Geotechnical and Geological Engineering*, Melbourne, Australia.

52. Hospitaler, A.; Cano, J. J. y J. Cantó., (1997). *Hipótesis de carga. Coeficientes de seguridad de los materiales*. Departamento de Ingeniería de la Construcción, Universidad Politécnica de Valencia, pp. 27.

53. House, L. et al. (2001) *Probabilistic methods: Uses and abuses in structural integrity*. Vol.2 United Kingdom, BOMEL Limited for the Health and Safety Executive. ISBN 0 7176 2238 X.

54. Ibáñez, L. O., (2001) *Análisis del comportamiento geotécnico de las cimentaciones sobre pilotes sometidas a carga axial mediante la modelación matemática*. Tesis presentada en opción al Grado Científico de Doctor en Ciencias. La Habana, Comisión de Grado Científico de la República de Cuba.

55. Ignatova, O. I. y I. V. Shitora, (1984) "Valoración del nivel de seguridad de proyecto en el cálculo de las bases de las cimentaciones por capacidad de carga." en *Revista Trabajos de la N.I. Bases y Construcciones Subterráneas*. Moscú. Vol. 82, pp. 1984.

56. Ignatova, O. I. y M. F. Gurianova, (1980) "Sobre coeficientes de seguridad en el cálculo de la capacidad de carga en el cálculo de las cimentaciones por la SNIP II - 15 – 74" en *Revista Trabajos N.I. Bases y Construcciones Subterráneas*. Moscú Vol. 71, pp. 3-10.

57. Ignatova, O. I., (1977) "Sobre la variabilidad de las características de los suelos de las bases de las edificaciones y las construcciones" en *Revista Trabajos N.I. Bases y Construcciones Subterráneas*. Moscú. Vol. 68, pp. 78-83.

58. ITC., (1996) *The application of probabilistic in soil mechanics and foundation engineering*. Report 162. Center for Civil Engineering Research and Codes. Róterdam.

59. Jiménez, J. A. y colectivo de autores., (1981) *Geotecnia y cimientos III: Cimentaciones, excavaciones y aplicaciones de la Geotecnia.* 2da Edición. Madrid, Editorial Rueda.

60. Jiménez, J. A.; Justo Alpañes, J. L. y A. A. Serrano., (1981) *Geotecnia y cimientos II: Mecánica del suelo y de las rocas.* 2da Edición. Madrid, Editorial Rueda.

61. Joy, T. A., (1996) *The Basics of Monte Carlo Simulation.* Nebraska.

62. Juárez, E. y A. Rico, (1970) *Mecánica de Suelos: Teoría y Aplicaciones de la Mecánica de Suelos.* Edición Revolucionaria. La Habana, Instituto del Libro.

63. Krakovski, M. B., (1995) "Monte Carlo simulation of the acceptance control of concrete" en *Structural Safety.* Vol. 17, pp. 43-56.

64. Krakovski, M., (1995) "Monte Carlo simulation of the acceptance control of concrete" en *Structural Safety.* Vol. 17, pp. 43-56.

65. Kudzys, A. (2005) "Survival probability of existing structures" en *Mechanika.* Vol. 2 (52), 2005. ISSN 1392 – 1207.

66. Kulhawy, F. H. y K.-K. Phoon, (1996) "Engineering judgment in the evolution from deterministic to reliability-based foundation design" en *Uncertainty '96, Uncertainty in the Geologic Environment - From Theory to Practice.*, ASCE, New York, 1996.

67. Kwok, Y.- K. y K. – W. Lau., (2001) *Accuracy and Reliability. Considerations of option pricing algorithms.* Hong Kong. Department of Mathematics, University of Science and Technology, Clear Water Bay, Hong Kong.

68. León, M., (1980) *Mecánica de suelos.* La Habana, Editorial Pueblo y Educación.

69. Leuangthon, O. et al., (2006) *The principles of Monte Carlo Simulation.* Canada, University of Alberta.

70. Lu, Y. y X. Gu, (2004) "Probability analysis of RC member deformation limits for different performance levels and reliability of their deterministic calculations" en *Structural Safety.* Vol. 26, pp. 367–389.

71. Manual Sigma, (2002) *Finite element stress and deformation analysis.* Versión 5.0. Edited by Geo Slope International Ltd. Canada.

72. Marek, P.; Gustar, M. y M. Sánchez, (2001) "Nuevos Conceptos para la evaluación cualitativa de la Confiabilidad en el diseño estructural" en *Revista Internacional de Desastres Naturales, Accidentes e Infraestructura Civil.* ITAM, Academia de Ciencias de

República Checa. República Checa. Departamento de Ingeniería Civil y Ambiental, Universidad de los Andes. Bogotá, Colombia.

73. Marinilli, A. L., (1997) "Análisis probabilístico de asentamientos en estructuras de tierra" en *Boletín Técnico IMME*. Volumen 35, No. 2.

74. Mata, W. y C. Romulo., (1998) "Análisis numérico del comportamiento de pilotes en suelos estratificados. Procceding" en *XI Congreso Brasileño de Mecánica de Suelos e Ingeniería Geotecnica*. pp. 285-291.

75. Melli, R., (1986) *Diseño estructural*. 1^{era} Edición Cubana. Ciudad de la Habana, Instituto del libro.

76. Mesat, P. (1993a) "Combinaciones de elementos finitos para las obras geotecnicas. Consejos y recomendaciones" en *Boletín de laboratorio de mecánica de suelo*. Francia. Vol. 212 (Julio- Agosto), pp. 39-64.

77. Mesat, P. (1993) "Modelos de elementos finitos y problemas de convergencia en el comportamiento no lineal" en *Boletín de laboratorio de mecánica de suelo*. Vol. 214, (Nov-Dic), pp. 34-56.

78. Mestre, M. A. y O. Fernández., (1997) "Caracterización geotécnica de las arenas calcáreas. Modelaje." en *Diseño geotécnico de cimentaciones*." Matanzas, ENIA.

79. Métodos para la generación de números aleatorios [en línea] disponible en: http://random.mat.sbg.ac.at/links/index.html [Accesado el 15 de Noviembre de 2009].

80. Metropolis, N., (1987) "The Beginning of Monte Carlo Method" en *Los Alamos Science*. Edición Especial 1987, pp. 125 – 130.

81. Meyerhof, G. G., (1984) "Safety Factors and Limit States Analysis in Geotechnical Engineering" en *Canadian Geotechnical Journal*. Vol. 21, Febrero 1984, pp. 1 - 7.

82. Meyerhof, G. G., (1993) "Development of geotechnical limit state design." en *Proceedings of the international Symposium on Limit State Design in Geotechnical Engineering*, Copenhagen, May 26 – 28, Sponsored by the Danish Geotechnical Society, Vol. 1, pp. 1 – 12, 1993.

83. Meyerhof, G. G., (1995) "Development of geotechnical limit state design." en *Canadian Geotechnical Journal*. Vol. 32, pp. 128 – 136.

84. Ministerio de Fomento, (2003) *Documento Básico. Seguridad Estructural*. Madrid. Dirección General de la Vivienda, la Arquitectura y el Urbanismo.

85. Mori, Y.; Kato, T. y K. Murai (2003) "Probabilistic models of combinations of stochastic loads for limit state design" en *Structural Safety.* Vol. 25, 2003, pp. 69–97.

86. Mori, Y.; Kato, T. y K. Murai (2003) "Probabilistic models of combinations of stochastic loads for limit state design" en *Structural Safety.* Vol. 25, pp. 69–97.

87. Oliva González, A., (1999) *Análisis de la estabilidad y seguridad de Taludes.* Tesis presentada en opción al Grado Científico de Doctor en Ciencias. Oviedo. Comisión de Grado Científico de la Universidad de Oviedo.

88. Orr, T. L; y E. R. Farrell., (1999) *Geotechnical design to Eurocode 7.* London. Springer-Verlag.

89. Orr, T.L; Paul, T. y K. Gavin., (2000) "National report on Limit State Design in Geotechnical Engineering: Ireland, LSD 2000: International Workshop on Limit State design" en *Geotechnical Engineering.* Melbourne, Australia.

90. Ovesen, N.K y J. S. Steenfelt., (2000) "National report on Limit State Design" en *Geotechnical Engineering, Denmark. LSD 2000: International Workshop on Limit State design in Geotechnical Engineering.* Melbourne, Australia.

91. Papadrakakis, M.; Papadopoulos, V.; Georgioudakis, E.; Hofstetter, G.; C. Feist, C. y T. Yvonne, (2003) *Reliability Analysis of A Plain Concrete Beam.* Institute of Structural Analysis and Seismic Research, National Technical University, Athens 15780, Greece.

92. Pengelly, J., (2002) "Monte Carlo's Method" [En línea], disponible en: http://www.luventicus.org/laboratorio/Monte_Carlo/index.html [Accesado el 23 de Junio del 2006].

93. Peschl, G. M. y H.F. Schweiger, (2003) "Reliability Analysis in Geotechnic with Finite Elements. Comparison of Probabilistic, Stochastic and Fuzzy Set Methods" en *ISIPTA 2003.* Austria, Graz University of Technology.

94. Phoon, K. K., (1995*) Reliability-based design of foundations for transmission line structures.* Universidad de Cornell. Ithaca, Nueva York

95. Phoon, K. K., (2006*) Modeling and simulation of stochastic data.* Ponencia. Singapure. Department of civil engineering, University of Singapure.

96. Ponce, O. M., (2002) *"Historia del Método de Monte Carlo"* [En línea], disponible en: http://www.wikipedia.org/wiki/Método_de_Monte_Carlo/index.html [Accesado el 23 de Junio del 2006].

97. Ponencia. Singapure. Department of civil engineering, University of Singapure.

98. Quevedo, G. (2002) *Aplicación de los Estados Límites y la Teoría de Seguridad en el Diseño Geotécnico en Cuba*. Tesis presentada en opción al Grado Científico de Doctor en Ciencias. La Habana, Comisión de Grado Científico de la República de Cuba.

99. Quevedo, G. y colectivo de autores., (2002) *Propuesta de Norma Cubana para el Diseño Geotécnico de Cimentaciones superficiales*. Cuba, UCLV.

100. Recarey, C. y Quevedo, G., (2005) *"Modelación Estocástica y Teoría de Seguridad en el estudio de conexiones de estructuras mixtas"*, Universidad Politécnica de Cataluña, 2005.

101. Quevedo, G., (1987) "Aplicación del Método de los Estados Límites en el diseño de las cimentaciones superficiales" en *Revista Ingeniería Estructural*. Vol. 2(III), pp. 95 - 106.

102. Quevedo, G., (1988) "Aplicación de la Teoría de la Seguridad al diseño de las cimentaciones por deformación" en *Revista Ingeniería Estructural*. Vol. 1(IX), pp. 77 - 88.

103. Quevedo, G., (1988) "Aplicación de la Teoría de la Seguridad al diseño de las cimentaciones por estabilidad" en *Revista Ingeniería Estructural*. Vol. 2(IX), pp. 121 - 134.

104. Quevedo, G., (1988) "Métodos para la determinación de la resistencia estructural en los suelos" en *Revista Ingeniería Estructural*. Vol. 3(X), pp. 235 – 242.

105. Quevedo, G., (1989) "Determinación de la resistencia de cálculo del suelo (R) para cargas excéntricas" en *Revista Ingeniería Estructural*. Vol. 2(X), pp. 127 – 135.

106. Quevedo, G., (1994) *Diseño de cimentaciones superficiales: Manual del proyectista*. Primera Edición. Santa Clara, UCLV.

107. Quevedo, G., (1995) "Introducción a la Mecánica de los Medios Continuos" en *Notas de la asignatura de la Maestría de Estructuras*. Santa Clara, UCLV.

108. Quevedo, G., (1997) *Monografía sobre la aplicación de la teoría de seguridad en el diseño geotécnico*. España. Universidad de Oviedo, ETSIMO.

109. Randolph, M.F. y Wroth, (1980) "Application of the failure state in undrained simple shear to the shaft capacity of driver of piles" en *Revista Geotechnique*. Vol. 31. No 1 pp. 143-157.

110. Recarey, C. A., (1999) _Modelación del terreno y las estructuras en el dominio del tiempo._ Tesis presentada en opción al Grado Científico de Doctor en Ciencias. La Habana, Comisión de Grado Científico de la República de Cuba.

111. Ríbnikov, K., (1987) _Historia de las Matemáticas._ Moscú, Editorial Mir.

112. Riha, D.; Thacker, B.; Hall, D.; Auel, T. y S. D. Pritchard, (1999) "Capabilities and applications of probabilistic methods in Finite Element analysis" en _Fifth ISSAT International Conference on Reliability and Quality in Design,_ Las Vegas, Nevada, August 11-13, 1999.

113. Ripley, B. D., (1987) _Stochastic Simulation,_ J. Wiley and Sons, N.Y., 1987

114. Robert Bea, P.E. (2006) "Reliability and Human Factors in Geotechnical Engineering" en _Journal of Geotechnical and Geoenvironmental Engineering._ May 2006. pp. 631.

115. Rojas, E. y Romo, M. (2000) _Modelos constitutivos en los suelos._ México, Instituto de Ingeniería UNAM.

116. Rosowsky, D. V., (1999) "Structural Reliability" en _Structural Engineering Handbook._ Clemson University, Clemson, SC, Ed. Chen Wai-Fah Boca Raton: CRC Press LLC.

117. Samer; B.; Khaldoon, B.-H. y M.Q. Taha, (2004) "Multi-objective reliability-based optimization of prestressed concrete beams" en _Structural Safety._ Vol. 26, pp. 311–342.

118. Sánchez R., A. y J. Arguelles., (1982) "Modelo matemático simplificado para análisis dinámico de pilotes" en _Revista Ingeniería Estructural._ Vol. 2–82, pp. 162 –171.

119. Sánchez, S., (2002) _"Diseño Geotécnico de Cimentaciones por Estados Límites en el Perú"_; Tesis presentada en opción al Grado Científico de Doctor en Ciencias. Tutor: Dr. Ing. Gilberto Quevedo Sotolongo; UPC.

120. Sarofim, M. C., (2004) "Methods of Uncertainty Analysis" en _Lectures by Mort Webster and Ian Sue Wing._ Lecture 15.023, April 7th.

121. Schueller, G.I. y Pradlwarter, H. J., (2006) "Computational stochastic structural analysis (COSSAN) – a software tool" en _Structural Safety._ Vol. 28, pp. 68–82.

122. Schultzer, E., (1985) _Frequency distributions and correlation of soil properties._ Hong Kong, Proc. Ist. ICASP. pp. 371 - 388.

123. Shinozuka, M., (1999) "Basic Issues in Stochastic Finite Element Analysis, Reliability and Risk Analysis in Civil Engineering" edited by N. C. Lind, University of Waterloo, Ontario, pp. 506-519.

124. Simancas M., O. (1999) *Capacidad de carga en cimentaciones Superficiales*. Tesis de Doctorado. ETISIMO de Oviedo. España.

125. SNIP - 2.02.0.1 83., (1984) *Bases de edificios y construcciones*. Moscú, Gostroi.

126. SNIP - II - 15 - 74., (1975) *Bases de edificios y construcciones. Norma de Proyecto*. Moscú, Strollzdat.

127. SNIP - II –B.I.- 62., (1962) *Bases de edificios y construcciones. Norma de Proyecto*. Moscú, Strollzdat.

128. Sowers, G. B. y G. F. Sowers., (1975) *Introducción a la Mecánica de Suelos y Cimentaciones*. México, Editorial LIMUSA.

129. Szalazai, K. y K. Koris, (1998) *"Stochastic distribution of structural resistance in reinforced concrete beams"*. Ponencia. Budapest, Department of Reinforced Concrete Structures, Technical University of Budapest.

130. U.S. Army Corps of Engineers, (2006) "Reliability analysis and risk assessment for seepage and slope stability failure modes for embankment dams" en *Engineer Technical Letter*. No. 1110-2-561.

131. Universidad del CEMA, (2005) *Teoría de la Decisión*. México, Universidad del CEMA, LDE 700.

132. Universidad Nacional del Centro de la Pcia., (2005) *Simulación Método de Monte Carlo*. Buenos Aires. Facultad de Ciencias Exactas.

133. Webster, M. y Sue, I., (2004) *Methods of Uncertainty Analysis*. Lecture 15.023, April.

134. Wensing, Z., (2000) *Reliability evaluations of reinforced concrete columns and steel frames*. Submitted in partial fulfillment of the requirement for the degree of Doctor of Philosophy. Department of Civil and Environmental Engineering Graduate Program in Engineering Science. Faculty of Graduate Studies. University of Western. Ontario. London.

135. Wyss, G. y K. H. Jorgensen, (1998) *A User's Guide to LHS: Sandia's Latin Hypercube Sampling Software*, Printed in February 1998, Albuquerque, Risk Assessment and Systems Modeling Department. Sandia National Laboratories.

136. Yang, G. (2002) *A Monte Carlo Method of Integration*. IB Diploma Programme Extended Essay in Mathematics. Denmark.

137. Zarate, F.; Hurtado, J., Oñate, E. y J. A. Rodríguez, (2002) "Un entorno para el análisis estocástico en mecánica computacional". en _Congreso de Métodos Numéricos en la Ingeniería y las Ciencias Aplicadas_, Barcelona 2002, Barcelona, CIMNE.

138. Ziha, K., (1995) "Descriptive Sampling" en _Structural Safety_, Vol. 17, 1995, pp. 33-41.

139. Zimmerman, J.; J. Hugh, J. y R. B. Corotis, (1993) "Stochastic optimization models for structural – reliability analysis" en _Journal of Structural Engineering_, Vol. 119, No. 1, January, 1993. ISSN 0733-9445/93/0001-0223. Paper No. 2527.

140. Zinkiewics, O.C., (1999): _Computational Geomechanics_. Willey and sons.

141. Martínez, A. (2006) "Pesquisa histórica del método de Monte Carlo y su aplicación a la solución de problemas ingenieriles" en _Memorias del VI Simposio internacional de Geotecnia, Estructuras y Materiales de Construcción_. Universidad Central "Marta Abreu" de las Villas, Noviembre 2008.

142. Juang, H. et al., (2010) "Probabilistic framework for assessing liquefaction hazard at a given site in a specified exposure time using standard penetration testing" en _Canadian Geotechnical Journal_. Ottawa: Jun 2010. Tomo 47, No. 6, pp. 674.

143. Yang, L. y R. Liang, (2009) "Incorporating setup into load and resistance factor design of driven piles in sand" en _Canadian Geotechnical Journal_. Ottawa: Mar 2009. Tomo 46, No. 3, pp. 296.

144. Roberts, L. y A. Misra, (2009) "Reliability-based design of deep foundations based on differential settlement criterion" en _Canadian Geotechnical Journal_. Ottawa: Feb 2009. Tomo 46, No. 2, pp. 168.

145. Cassidy, M.; Uzielli, M. y S. Laçasse, (2008) "Probability risk assessment of landslides: A case study at Finneidfjord" en _Canadian Geotechnical Journal_. Ottawa: Sep 2008. Tomo 45, No. 9, pp. 1250.

146. Eshraghian, A.; Derek, C. y N. Morgenstern, (2008) "Hazard analysis of an active slide in the Thompson River Valley, Ashcroft, British Columbia, Canada" en _Canadian Geotechnical Journal_. Ottawa: Mar 2008. Tomo 45, No. 3, pp. 297.

147. Guo, P. y X. Su, (2007) "Shear strength, interparticle locking, and dilatancy of granular materials" en _Canadian Geotechnical Journal_. Ottawa: May 2007. Tomo 44, No. 5, pp. 579.

148. Wang, Y. y P. Chiasson, (2006) "Stochastic stability analysis of a test excavation involving spatially variable subsoil" en *Canadian Geotechnical Journal*. Ottawa: Oct 2006. Tomo 43, No. 10, pp. 1074.

149. Yang, L. y R. Liang, (2006) "Incorporating set-up into reliability-based design of driven piles in clay" en *Canadian Geotechnical Journal*. Ottawa: Sep 2006. Tomo 43, No. 9; pp. 946.

150. El-Ramly, H.; Morgenstern, N y D. M. Cruden, (2006) "Lodalen slide: a probabilistic assessment" en *Canadian Geotechnical Journal*. Ottawa: Sep 2006. Tomo 43, No. 9, pp. 956.

151. Li, J. et al., (2009) "Permeability tensor and representative elementary volume of saturated cracked soil" en *Canadian Geotechnical Journal*. Ottawa: Aug 2009. Tomo 46, No. 8, pp. 928.

152. Haldar, S. y G. L. Sivakumar, (2008) "Reliability measures for pile foundations based on cone penetration test data" en *Canadian Geotechnical Journal*. Ottawa: Dec 2008. Tomo 45, No. 12, pp. 1699.

153. Zhang, L. y W. H. Tang, (2008) "Similarity of soil variability in centrifuge models" en *Canadian Geotechnical Journal*. Ottawa: Aug 2008. Tomo 45, No. 8, pp. 1118.

154. Munwar B. y G. L. Sivakumar, (2008) "Target reliability based design optimization of anchored cantilever sheet pile walls" en *Canadian Geotechnical Journal*. Ottawa: Apr 2008. Tomo 45, No. 4, pp. 535.

155. Guo, P. y X. Su, (2007) "Shear strength, interparticle locking, and dilatancy of granular materials" en *Canadian Geotechnical Journal*. Ottawa: May 2007. Tomo 44, No. 5, pp. 579.

156. Katti, D. et al., (2007) "Molecular modelling of the mechanical behaviour and interactions in dry and slightly hydrated sodium montmorillonite interlayer" en *Canadian Geotechnical Journal*. Ottawa: Apr 2007. Tomo 44, No. 4, pp. 425.

157. Chen, H. y S. H. Liu, (2007) "Slope failure characteristics and stabilization methods" en *Canadian Geotechnical Journal*. Ottawa: Apr 2007. Tomo 44, No. 4, pp. 377.

158. Saada, Z. et al., (2006) "Evaluation of elementary filtration properties of a cement grout injected in a sand" en *Canadian Geotechnical Journal*. Ottawa: Dec 2006. Tomo 43, No. 12, pp. 1273.

159. Krishnamra, N.; Limsuwan, E. y J. Dawe, (2010) "Spiral Post-Tensioning System for Concrete Members" en *ACI Structural Journal*. Farmington Hills: Sep/Oct 2010. Tomo 107, No. 5, pp. 563.

160. Yang, J. et al., (2010) "Punching Shear Behaviour of Two-Way Slabs Reinforced with High-Strength Steel" en *ACI Structural Journal*. Farmington Hills: Jul/Aug 2010. Tomo 107, No. 4, pp. 468.

161. Fathifazl, G. et al., (2009) "Flexural Performance of Steel-Reinforced Recycled Concrete Beams" en *ACI Structural Journal*. Farmington Hills: Nov/Dec 2009. Tomo 106, No. 6, pp. 858.

162. Silva, P. et al., (2009) "Performance Evaluation of Flexure Impact Resistance Capacity of Reinforced Concrete Members" en *ACI Structural Journal*. Farmington Hills: Sep/Oct 2009. Tomo 106, No. 5, pp. 726.

163. Aoude, H.; Cook, W. y D. Mitchell, (2009) "Behaviour of Columns Constructed with Fibers and Self-Consolidating Concrete" en *ACI Structural Journal*. Farmington Hills: May/Jun 2009. Tomo 106, No. 3, pp. 349.

164. Lubell, A.; Bentz, E. y M. Collins, (2009) "Shear Reinforcement Spacing in Wide Members" en *ACI Structural Journal*. Farmington Hills: Mar/Apr 2009. Tomo 106, No. 2, pp. 205.

165. Bazant, Z. y Q. Yu, (2009) "Does Strength Test Satisfying Code Requirement for Nominal Strength Justify Ignoring Size Effect in Shear?" en *ACI Structural Journal*. Farmington Hills: Jan/Feb 2009. Tomo 106, No. 1, pp. 14.

166. Bazant, Z. y Q. Yu, (2008) "Minimizing Statistical Bias to Identify Size Effect from Beam Shear Database" en *ACI Structural Journal*. Farmington Hills: Nov/Dec 2008. Tomo 105, No. 6, pp. 685.

167. Kim, J. y J. LaFave, (2008) "Probabilistic Joint Shear Strength Models for Design of RC Beam-Column Connections" en *ACI Structural Journal*. Farmington Hills: Nov/Dec 2008. Tomo 105, No. 6, pp. 770.

168. Powell, A. E., (2001) "September eleventh: The days after, the days ahead" en *Civil Engineering*. New York: Nov 2001. Tomo 71, No. 11, pp. 36.

169. Voeller, J., (2001) "25 Technologies to watch" en *Civil Engineering*. New York: Aug 2001. Tomo 71, No. 8, pp. 64.

170. Zhong, H.; Lin, G. y H. Li, (2009) "Numerical simulation of damage in high arch dam due to earthquake" en *Frontiers of Architecture and Civil Engineering in China.* Dordrecht: Sep 2009. Tomo 3, No. 3, pp. 316.

171. Geng, B.; Wang, H. y J. Wang, (2009) "Probabilistic model for vessel-bridge collisions in the Three Gorges Reservoir" en *Frontiers of Architecture and Civil Engineering in China.* Dordrecht: Sep 2009. Tomo 3, No. 3, pp. 279.

172. Zhang, Z. et al., (2009) "Wind-induced vibration control of Hefei TV tower with fluid viscous damper" en *Frontiers of Architecture and Civil Engineering in China.* Dordrecht: Sep 2009. Tomo 3, No. 3, pp. 249.

173. Ye, K. y L. Li, (2009) "Impact analytical models for earthquake-induced pounding simulation" en *Frontiers of Architecture and Civil Engineering in China.* Dordrecht: Jun 2009. Tomo 3, No. 2, pp. 142.

174. Du, Y.; Geng, Y. y L. Sun, (2009) "Simulation model based on Monte Carlo method for traffic assignment in local area road network" en *Frontiers of Architecture and Civil Engineering in China.* Dordrecht: Jun 2009. Tomo 3, No. 2, pp. 195.

175. Wang, Y.; Xie, H. y Y. Wang, (2009) "Calculation of prestressed anchor segment by 3D infinite element" en *Frontiers of Architecture and Civil Engineering in China.* Dordrecht: Mar 2009. Tomo 3, No. 1, pp. 63.

176. Sun, Z.; Hou, N. y H. Xiang, (2009) "Safety and serviceability assessment for high-rise tower crane to turbulent winds" en *Frontiers of Architecture and Civil Engineering in China.* Dordrecht: Mar 2009. Tomo 3, No. 1, pp. 18.

177. Zheng, D. y Q. Li. (2008) "Micromechanics model for static and dynamic strength of concrete under confinement" en *Frontiers of Architecture and Civil Engineering in China.* Dordrecht: Dec 2008. Tomo 2, No. 4, pp. 329.

178. Low, B. K., (2008) "Efficient Probabilistic Algorithm Illustrated for a Rock Slope" en *Rock Mechanic and Rock Engineering.* Vol. 41, No. 5, pp. 715–734.

179. Fellenius, B.; Santos; J. y A. Viana da Fonseca, (2007) "Analysis of piles in a residual soil-The ISC'2 prediction" en *Canadian Geotechnical Journal;* Feb 2007, Vol. 44, No. 2, pp. 201.

180. Crystal ball, (2000) "User guide". [En línea]. Venezuela, disponible en: http://www.crystalball.com/downloadcb_cb55.html [Accesado el 19 de marzo del 2006]

181. Anónimo, (2008) "El método de Monte Carlo en la mecánica estadística". [En línea]. Cambridge, disponible en: http://teorica.fis.ucm.es/programas/MonteCarlo.pdf. [Accesado el 12 de octubre del 2010]

182. Jeges, R., (2007) "Monte Carlo simulation in MS Excel". [En línea], disponible en: http://www.projectware.com.su/tutorials/Tu08.pdf. [Accesado el 12 de octubre del 2010]

183. Anónimo, (2007) "Introduction to Monte Carlo methods" en Computational Science Education Project. [En línea], disponible en: http://www.ipp.mpg.de/de/for/bereiche/ stellarator/Comp_sci/CompScience/csep/csep1phy.ornl.org/mc.html [Accesado el 12 de octubre del 2010]

184. Bucher, C y Y. Schorling, (1997) "Solving no linear and stochastic problems in structural mechanics". Weimar. [en línea], disponible en: http://euklidbauing.uni-weimar.de/ ikm1997/ PROC97/docs075/075ikm97.pdf [Accesado el 12 de octubre del 2010]

185. Méndez, J., (2005) "El método de Monte Carlo". [en línea], disponible en: http://www.ilustrados.com/publicaciones/epzkzkkfkpXazZevrd.php [Accesado el 12 de octubre del 2010]

186. Risk, (2006) "User guide" [En línea], disponible en: http://www.palisade.com/ addins/userguide.html [Accesado el 19 de marzo del 2006]

187. SimTools, (1999) "Tutorial" [En línea], disponible en: http://www.kellogg.nwu.edu/faculty/myerson/ftp/addins.htm [Accesado el 19 de marzo del 2006]

188. Varela, J. R., (2001) "Simulación 4.0" [En línea], disponible en: http://www.cema.edu.ar/ ~jvarela [Accesado el 19 de marzo del 2006]

189. Mathcad14.0 (2007) "Mathcad Resources: Overview and Tutorials". Versión 14.0.0.163. Edited by Parametric Technology Corporation, Needham, USA.

Anexo 1.

Estadígrafos fundamentales de cada una de las variables en las correspondientes combinaciones en que son procesadas en el experimento teórico

Valores medios y coeficientes de variación de las variables analizadas en el cálculo de la capacidad de carga para suelos puramente friccionales ($\phi \geq 30°$).

No. de Comb.	Ángulo fricción Interna (°)	Coef. de variac. de ϕ	Peso Espec. (kN/m2)	Coef. de variac. de γ	Carga muerta (kN)	Coef. de variac. de Cm	Carga viva (kN)	Coef. de variac. de Cv	Carga viento (kN)	Coef. de variac. de Cw
	ϕ	$\upsilon tg\phi$	γ	$\upsilon\gamma$	Cm	υCm	Cv	υCv	Cw	υCw
1		0,03	18	0,05	100	0,1	60	0,25	20	0,31
2	25	0,08	18	0,05	100	0,1	60	0,25	20	0,31
3		0,1	18	0,05	100	0,1	60	0,25	20	0,31
4		0,03	18	0,05	100	0,1	60	0,25	20	0,31
5	27,5	0,08	18	0,05	100	0,1	60	0,25	20	0,31
6		0,1	18	0,05	100	0,1	60	0,25	20	0,31
7		0,03	18	0,05	100	0,1	60	0,25	20	0,31
8	30	0,08	18	0,05	100	0,1	60	0,25	20	0,31
9		0,1	18	0,05	100	0,1	60	0,25	20	0,31

Parámetros resultantes de análisis matemático en suelos ϕ ($\phi \leq 30°$, valores medios)

Valores medios y coeficientes de variación de las variables analizadas en el cálculo de la capacidad de carga para suelos puramente friccionales ($\phi \leq 30°$).

No. de Comb.	Ángulo fricción Interna (°)	Coef. de variac. de ϕ	Peso Espec. (kN/m2)	Coef. de variac. de γ	Carga muerta (kN)	Coef. de variac. de Cm	Carga viva (kN)	Coef. de variac. de Cv	Carga viento (kN)	Coef. de variac. de Cw
	ϕ	$\upsilon tg\phi$	γ	$\upsilon\gamma$	Cm	υCm	Cv	υCv	Cw	υCw
10		0,03	18	0,05	100	0,1	60	0,25	20	0,31
11	32,5	0,05	18	0,05	100	0,1	60	0,25	20	0,31
12		0,08	18	0,05	100	0,1	60	0,25	20	0,31
13		0,03	18	0,05	100	0,1	60	0,25	20	0,31
14	35	0,05	18	0,05	100	0,1	60	0,25	20	0,31
15		0,08	18	0,05	100	0,1	60	0,25	20	0,31
16		0,03	18	0,05	100	0,1	60	0,25	20	0,31
17	37,5	0,05	18	0,05	100	0,1	60	0,25	20	0,31
18		0,08	18	0,05	100	0,1	60	0,25	20	0,31

Parámetros resultantes de análisis matemático en suelos ϕ ($\phi \leq 30°$, valores medios)

Valores medios y coeficientes de variación de las variables analizadas en el cálculo de la capacidad de carga para suelos puramente cohesivos.

Parámetros resultantes de análisis matemático en suelos C									
No. de Comb.	Cohe-sión del suelo (kPa)	Coef. de variac. de C	Peso Espec. (kN/m2)	Coef. de variac. de γ	Carga muerta (kN)	Coef. de variac. de Cm	Carga viva (kN)	Coef. de variac. de Cv	Carga viento (kN)	Coef. de variac. de Cw
ϕ	$\upsilon tg\phi$	γ	$\upsilon\gamma$	Cm	υCm	Cv	υCv	Cw	υCw
19		0,138	18	0,05	100	0,1	60	0,25	20	0,31
20	40	0,26	18	0,05	100	0,1	60	0,25	20	0,31
21		0,336	18	0,05	100	0,1	60	0,25	20	0,31
22		0,138	18	0,05	100	0,1	60	0,25	20	0,31
23	60	0,26	18	0,05	100	0,1	60	0,25	20	0,31
24		0,336	18	0,05	100	0,1	60	0,25	20	0,31
25		0,138	18	0,05	100	0,1	60	0,25	20	0,31
26	80	0,26	18	0,05	100	0,1	60	0,25	20	0,31
27		0,336	18	0,05	100	0,1	60	0,25	20	0,31

Anexo 2

Resultados de los estadígrafos para φ, γ y C, obtenidos en la simulación por el método de Monte Carlo para distintos tamaños de corrida.

Para la variable φ (φ = 25°)

n	5	10	15	20	30	40
Máximo	28,15518458	28,15907995	28,44434151	28,75907344	27,87975184	29,45665571
Minimo	24,42474069	23,4033584	21,13392442	20,96567156	20,25266553	19,42204449
Media	26,49320128	25,11201064	24,5521404	24,89072412	24,18933379	24,9213344
Varianza	2,820412611	2,947560853	4,923904315	3,642836044	3,575665051	3,501801854
Desv.Est.	1,679408411	1,716846194	2,218987227	1,908621504	1,8909429	1,871310197
Des./Media	0,063390165	0,068367532	0,090378565	0,076680031	0,078172591	0,075088684
n	50	60	70	80	90	100
Máximo	29,76268838	27,78000916	29,30476359	31,10166381	29,66575937	32,50859854
Minimo	19,59139675	20,8540316	19,0870379	20,73262239	21,1653916	21,13012346
Media	24,75198426	25,02139694	24,87496341	24,81826858	25,12321798	25,44852701
Varianza	3,794162236	2,645505029	5,292270873	3,999049827	3,978365145	4,221573026
Desv.Est.	1,947860939	1,626500854	2,300493615	1,999762443	1,994583953	2,054646691
Des./Media	0,078695143	0,065004398	0,092482291	0,080576227	0,079392057	0,080737352

n	200	400	600	800	1000	2000
Máximo	29,98794704	30,07387887	30,10478514	30,54860158	31,72647434	32,52443989
Minimo	19,42565056	19,49501469	18,70685731	18,70685731	18,2591722	18,3905861
Media	25,09879725	24,95997035	24,96660173	24,94747176	24,98810622	25,01941605
Varianza	3,915917491	4,293961824	3,750583055	4,013910381	4,329918216	4,119669079
Desv.Est.	1,97886773	2,07218769	1,936642211	2,003474577	2,080845553	2,029696795
Des./Media	0,07884313	0,083020439	0,077569316	0,08030772	0,08327344	0,081124867
n	4000	6000	8000	10000		
Máximo	32,70087647	32,52443989	32,65265253	32,05506379		
Minimo	18,1388214	16,64758515	15,62940324	17,05798234		
Media	24,96814036	24,99420679	25,02888682	25,02362448		
Varianza	4,003159996	4,017315	4,02114378	3,948085905		
Desv.Est.	2,000789843	2,004324076	2,005278978	1,98697909		
Des./Media	0,080133715	0,080191546	0,080118584	0,079404128		

Para la variable γ (γ = 18 kN/m^3)

n	5	10	15	20	30	40
Máximo	18,15417607	19,07811127	19,02816931	20,37054327	19,53867369	20,25528368
Minimo	15,92615184	16,47239705	16,88333904	16,44979408	16,5200043	16,86299399
Media	17,15173583	17,79194683	17,6858958	18,08643128	17,87732465	18,29712194
Varianza	0,728737145	0,702942647	0,437266124	0,697017433	0,462921793	0,80847219
Desv.Est.	0,853661025	0,83841675	0,66126101	0,834875699	0,680383563	0,899150816
Des./Media	0,049771115	0,047123384	0,037389173	0,046160333	0,038058467	0,049141653

n	50	60	70	80	90	100
Máximo	20,39779461	20,12526809	19,38736157	20,00581054	19,70003736	19,84360264
Minimo	16,28327403	16,01536734	15,73132915	16,35450914	16,49102064	15,94071876
Media	17,99993332	17,88923706	18,029824	18,03591806	17,97290768	17,92087551
Varianza	0,574092275	0,534024083	0,510163358	0,612643422	0,509762274	0,541079844
Desv.Est.	0,757688772	0,730769515	0,714257207	0,782715416	0,713976382	0,735581297
Des./Media	0,042093977	0,040849675	0,039615318	0,043397592	0,039725146	0,041046058

n	200	400	600	800	1000	2000
Máximo	20,18744817	19,90270458	19,91429443	20,08072559	20,88782868	20,57763543
Minimo	16,10456303	15,93563051	15,64007149	15,42705802	15,44056834	14,86784443
Media	18,03240087	17,98498888	17,98747565	17,97247942	17,98833533	18,01750033
Varianza	0,585108862	0,603838382	0,527425742	0,599426663	0,530405422	0,571036231
Desv.Est.	0,764924089	0,777070384	0,726240829	0,774226494	0,728289381	0,755669393
Des./Media	0,042419426	0,043206609	0,040374805	0,043078447	0,040486758	0,041940856

n	4000	6000	8000	10000
Máximo	20,82166496	20,8697447	20,56017862	21,01435534
Minimo	15,52146979	14,48602622	15,42393157	15,02174338
Media	17,99194196	18,00780567	18,01294243	18,00326905
Varianza	0,563403472	0,565904933	0,548908768	0,573873407
Desv.Est.	0,750602073	0,752266531	0,740883775	0,757544327
Des./Media	0,041718791	0,04177447	0,041130636	0,042078154

Para la variable C (C = 60 kPa)

n	200	400	600	800	1000	2000
Máximo	98,1795429	106,7512983	99,81732408	99,81732408	99,81732408	103,2790923
Minimo	15,31565322	16,83004633	17,06111454	15,54929481	10,91348701	6,482806911
Media	60,01486277	59,32231711	59,54093475	59,19206544	59,72132015	59,59642359
Varianza	271,4709929	256,7052538	247,1230402	245,5924264	241,1749252	245,8416046
Desv.Est.	16,47637681	16,02202402	15,72014759	15,67138878	15,52980764	15,67933687
Des./Media	27,45%	27,01%	26,40%	26,48%	26%	26,31%

n	4000	6000	8000	10000
Máximo	120,0668365	114,1202786	119,6906897	130,2534906
Minimo	-5,14883582	8,187533712	13,09065471	9,893121138
Media	60,06704731	60,03139977	60,19010355	60,13664221
Varianza	247,6542367	242,4905586	239,644327	249,2616745
Desv.Est.	15,73703392	15,57210836	15,48044983	15,78802314
Des./Media	26,20%	25,94%	25,72%	26,25%

Anexo 3

Gráficas de variación de cada estadígrafo con relación al tamaño de la corrida.

Para la variable φ

⇨ $\varphi = 25°$

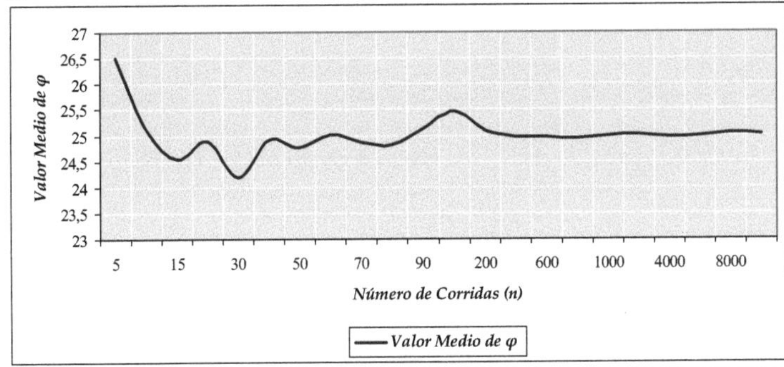

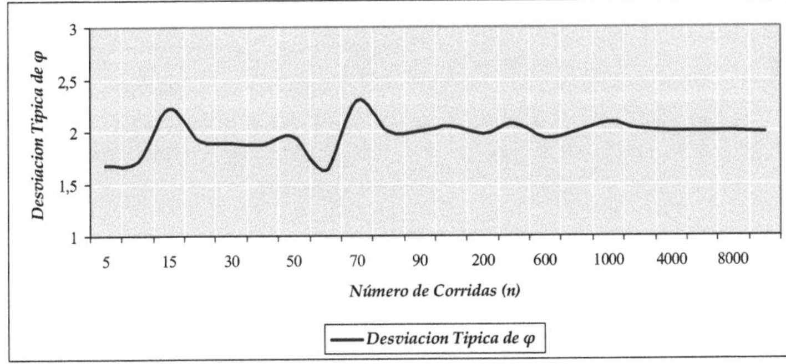

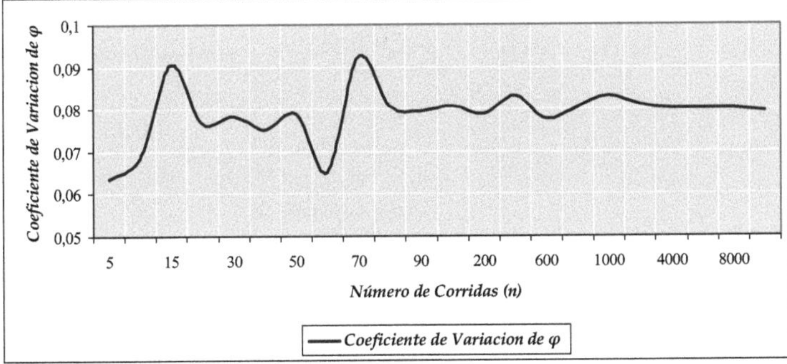

⇨ **φ = 30°**

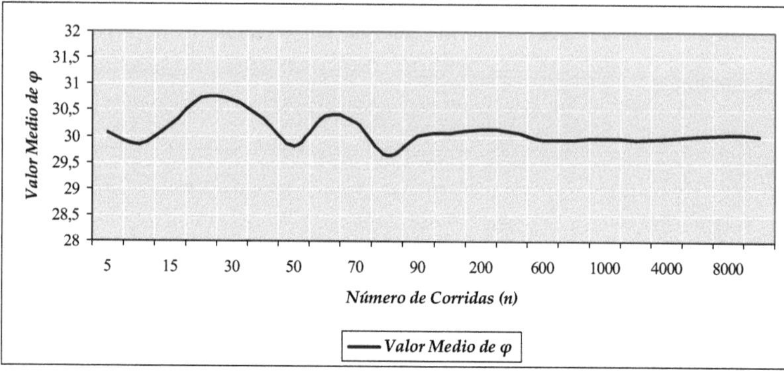

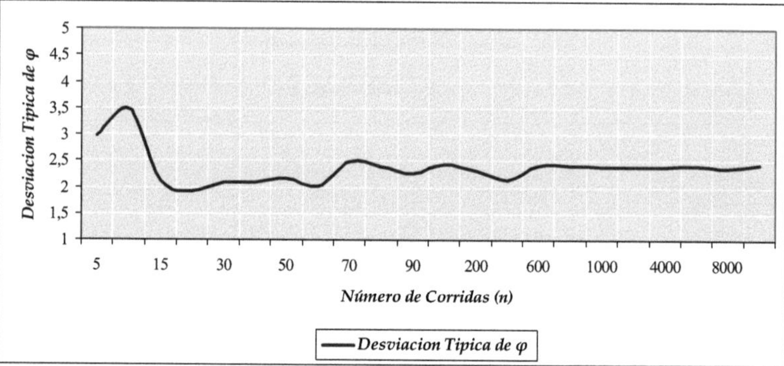

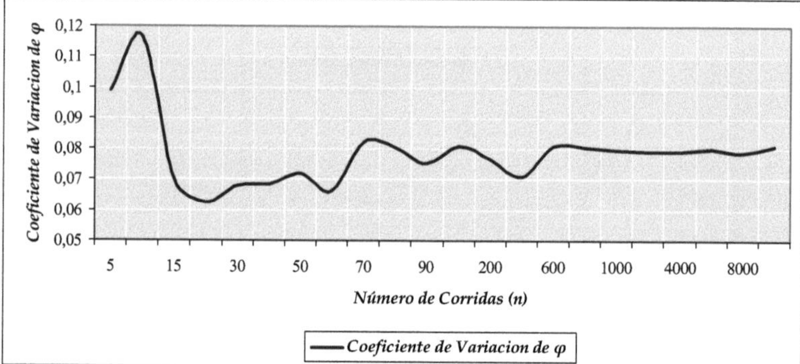

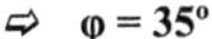 $\varphi = 35°$

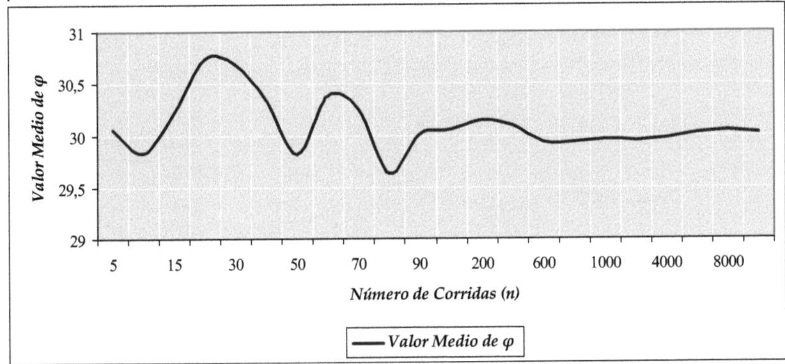

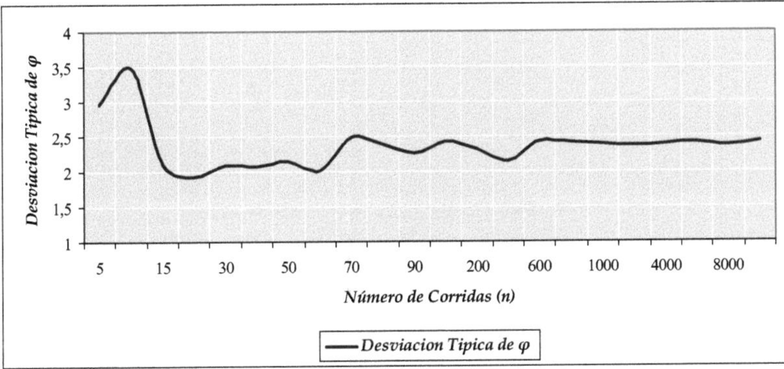

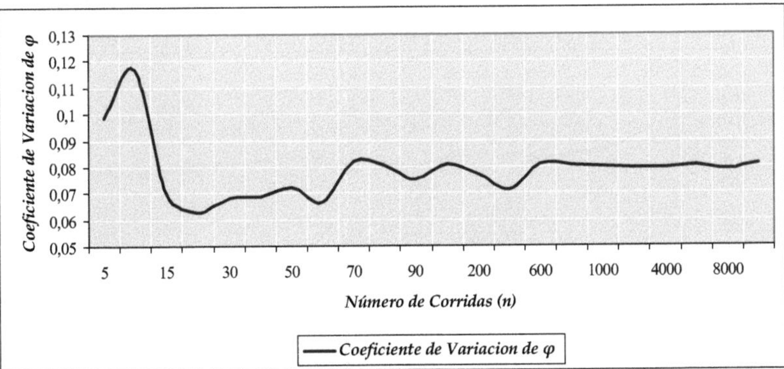

Para la variable C (C=60 kPa)

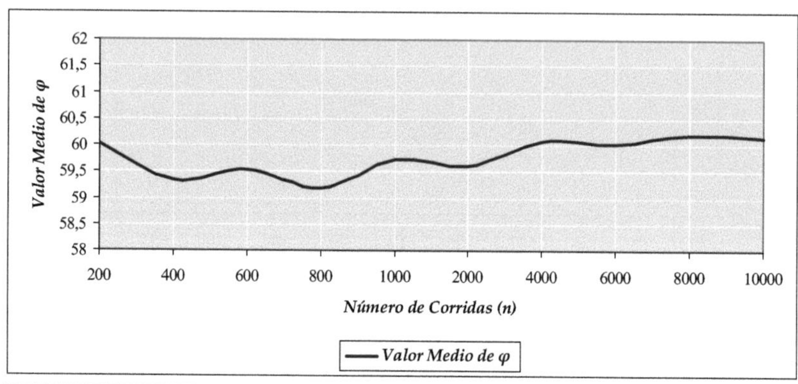

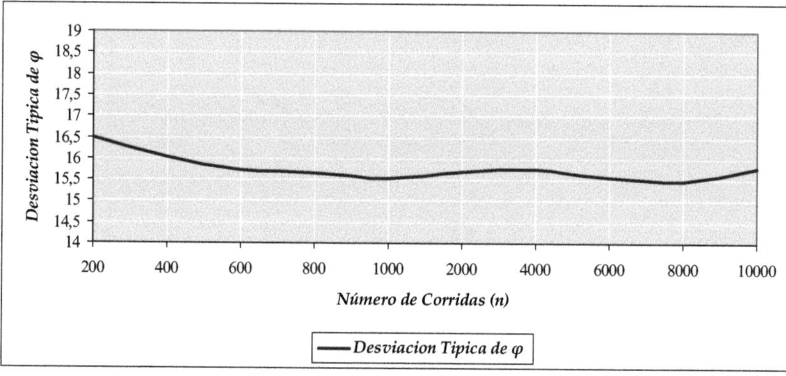

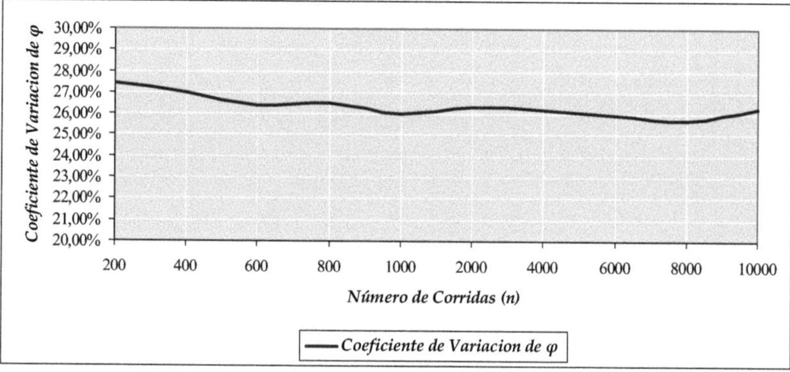

Para la variable γ

⇨   **γ = 15 kN/m³)**

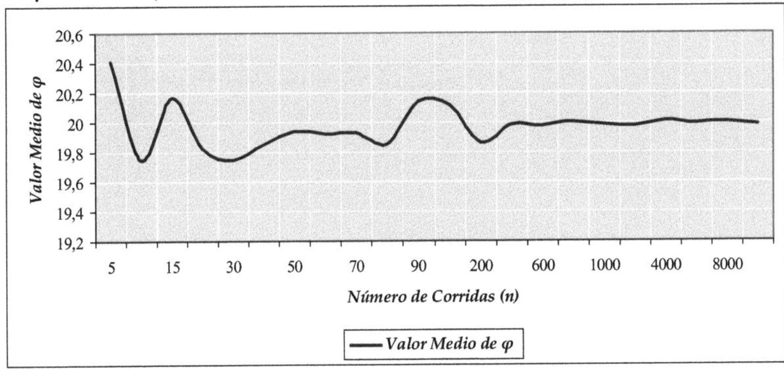

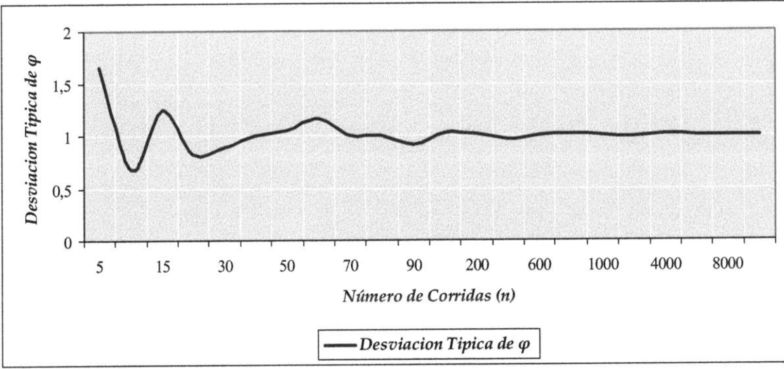

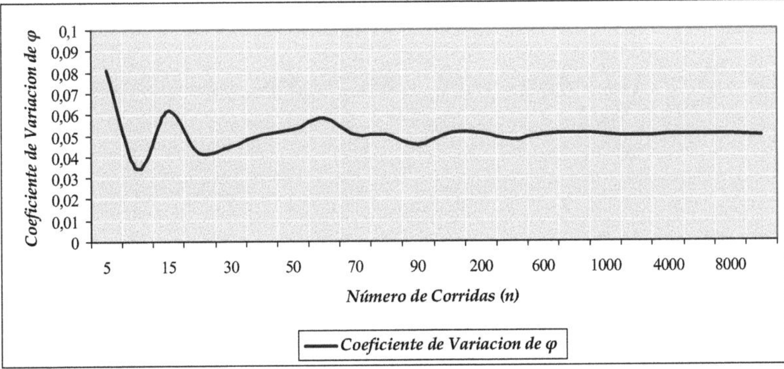

$\Rightarrow \quad \gamma = 18 \ \text{kN/m}^3)$

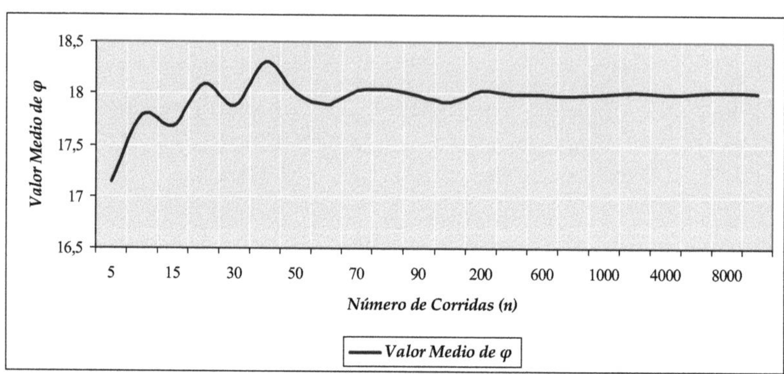

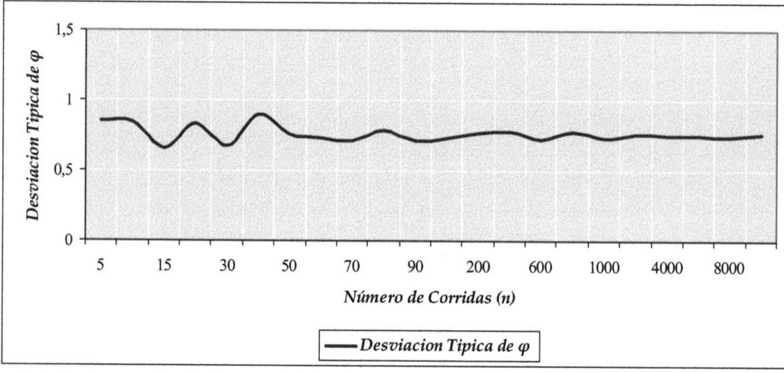

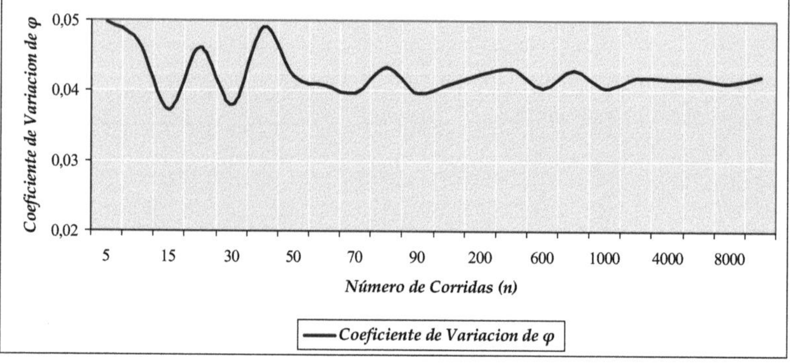

⇨ **γ = 20 kN/m³)**

Valor Medio de φ
Número de Corridas (n)
Valor Medio de φ

Desviacion Tipica de φ
Número de Corridas (n)
Desviacion Tipica de φ

Coeficiente de Variacion de φ
Número de Corridas (n)
Coeficiente de Variacion de φ

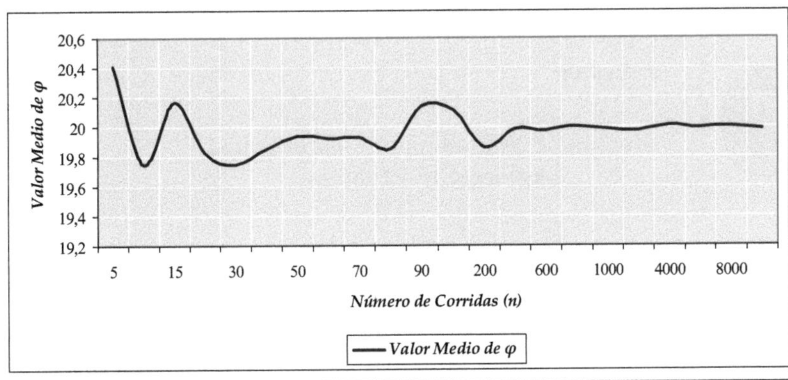

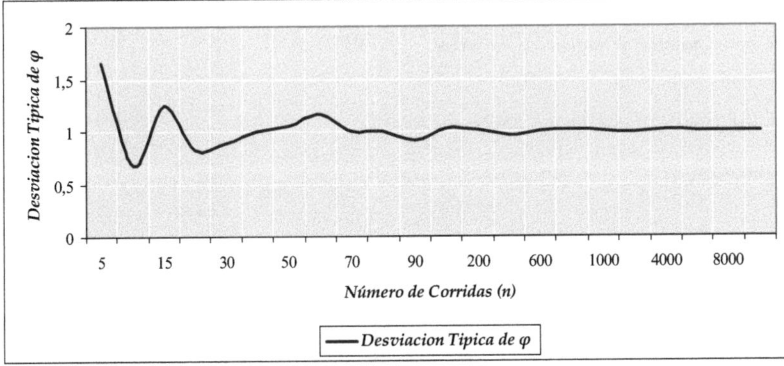

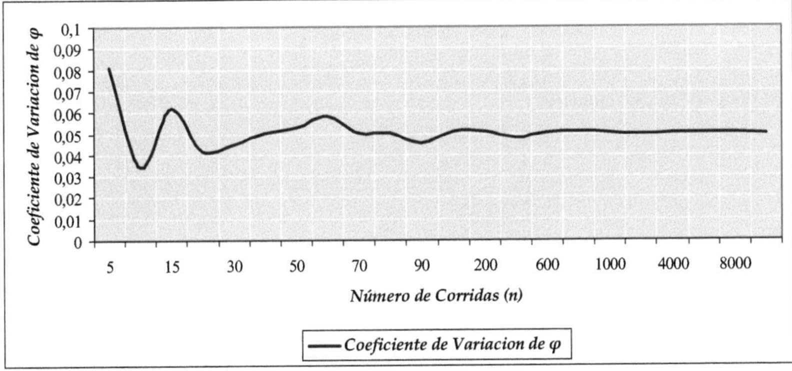

Anexo 4

Metodología para la modelación estocástica convencional

CIDEM

Stochastic Modelling of Geotechnical Engineering Problems

1- Entrada de Datos.

The first step is to create a vector of random numbers from a normal distribution with a spec mean μ and standard deviation σ.

Entraremos primero el número de variables $\qquad$ $nvar := 5$

$nv := 1 .. nvar$

Enter the number of random deviates: $n := 4000$

Enter the mean μ: $\qquad \phi := 32.5 \qquad\qquad tg\phi := \tan\left(\phi \cdot \dfrac{\pi}{180}\right)$

$\mu_{nv} :=$ $\qquad\qquad$ $Cv_{nv} :=$

$tg\phi$	$tg\phi$	rad.		0.08
γ	18	Kn/m2		0.05
Ncm	100	Kn		0.1
Ncv	50	Kn		0.25
Nw	20	Kn		0.31

Enter the standard deviation σ:

$$\sigma_{nv} := \mu_{nv} \cdot Cv_{nv}$$

$\sigma_{nv} =$

0.051
0.9
10
12.5
6.2

2- Generación aleatoria empleando Método de Monte Carlo (Distribución Normal)

Enter the number of bins for histogram: $\text{bin} := 30$

Vector of randomdeviates: $N_{nv} := \text{rnorm}\left(n, \mu_{nv}, \sigma_{nv}\right)$

$$
N_1 =
\begin{array}{|c|}
\hline
0.6045 \\
\hline
0.6332 \\
\hline
0.5992 \\
\hline
0.6578 \\
\hline
0.6231 \\
\hline
0.5887 \\
\hline
0.5846 \\
\hline
0.6253 \\
\hline
0.6546 \\
\hline
0.6038 \\
\hline
0.5871 \\
\hline
0.6194 \\
\hline
0.5719 \\
\hline
0.6404 \\
\hline
0.6598 \\
\hline
\cdots \\
\hline
\end{array}
\quad
N_2 =
\begin{array}{|c|}
\hline
17.661 \\
\hline
18.554 \\
\hline
16.189 \\
\hline
17.904 \\
\hline
19.244 \\
\hline
17.679 \\
\hline
19.522 \\
\hline
17.938 \\
\hline
18.096 \\
\hline
17.296 \\
\hline
17.116 \\
\hline
18.83 \\
\hline
16.734 \\
\hline
17.816 \\
\hline
17.044 \\
\hline
\cdots \\
\hline
\end{array}
\quad
N_3 =
\begin{array}{|c|}
\hline
111.269 \\
\hline
99.13 \\
\hline
97.385 \\
\hline
84.931 \\
\hline
93.069 \\
\hline
97.393 \\
\hline
88.158 \\
\hline
91.316 \\
\hline
84.726 \\
\hline
97.893 \\
\hline
103.478 \\
\hline
86.77 \\
\hline
91.547 \\
\hline
110.932 \\
\hline
103.784 \\
\hline
\cdots \\
\hline
\end{array}
\quad
N_4 =
\begin{array}{|c|}
\hline
37.749 \\
\hline
38.373 \\
\hline
50.597 \\
\hline
66.993 \\
\hline
35.851 \\
\hline
37.78 \\
\hline
40.823 \\
\hline
44.269 \\
\hline
38.225 \\
\hline
47.807 \\
\hline
78.738 \\
\hline
37.098 \\
\hline
60.198 \\
\hline
65.851 \\
\hline
41.491 \\
\hline
\cdots \\
\hline
\end{array}
\quad
N_5 =
\begin{array}{|c|}
\hline
11.379 \\
\hline
26.383 \\
\hline
14.276 \\
\hline
24.136 \\
\hline
25.692 \\
\hline
17.769 \\
\hline
25.316 \\
\hline
19.921 \\
\hline
20.351 \\
\hline
22.745 \\
\hline
21.621 \\
\hline
25.795 \\
\hline
26.497 \\
\hline
22.456 \\
\hline
13.215 \\
\hline
\cdots \\
\hline
\end{array}
$$

3- Estadística descriptiva de los resultados de la generación aleatoria.

Para Fi

Para Ganma

Number of data points:

$$n1 := \text{length}\left(N_1\right) \qquad n1 = 4 \times 10^3$$

$$SD1(x) := \text{stdev}(x) \cdot \sqrt{\frac{n1}{n1 - 1}}$$

Mean $\text{mean}\left(N_1\right) = 0.638$

Median $\text{median}\left(N_1\right) = 0.638$

Standard dev. $SD1\left(N_1\right) = 0.051$

Number of data points:

$$n2 := \text{length}\left(N_2\right) \qquad n2 = 4 \times 10^3$$

$$SD2(x) := \text{stdev}(x) \cdot \sqrt{\frac{n2}{n2 - 1}}$$

Mean $\text{mean}\left(N_2\right) = 18.006$

Median $\text{median}\left(N_2\right) = 18.005$

Standard dev. $SD2\left(N_2\right) = 0.911$

Variance $\quad SD1(N_1)^2 = 2.583 \times 10^{-3}$

$Cvar1 := \dfrac{SD1(N_1)}{mean(N_1)} \quad Cvar1 = 0.08$

Para Cm

Number of data points:

$n3 := length(N_3) \qquad n3 = 4 \times 10^3$

$SD3(x) := stdev(x) \cdot \sqrt{\dfrac{n3}{n3-1}}$

Mean $\qquad mean(N_3) = 99.8$

Median $\qquad median(N_3) = 99.772$

Standard dev. $\quad SD2(N_3) = 9.998$

Variance $\qquad SD2(N_3)^2 = 99.966$

$Cvar3 := \dfrac{SD2(N_3)}{mean(N_3)} \quad Cvar3 = 0.1$

Para Cw

Number of data points:

$n5 := length(N_5)$

$SD5(x) := stdev(x) \cdot \sqrt{\dfrac{n5}{n5-1}}$

Mean $\qquad mean(N_5) = 19.927$

Median $\qquad median(N_5) = 19.939$

Standard dev. $\quad SD4(N_5) = 6.19$

Variance $\qquad SD2(N_2)^2 = 0.83$

$Cvar2 := \dfrac{SD2(N_2)}{mean(N_2)} \quad Cvar2 = 0.051$

Para Cv

Number of data points:

$n4 := length(N_4) \qquad n4 = 4 \times 10^3$

$SD4(x) := stdev(x) \cdot \sqrt{\dfrac{n4}{n4-1}}$

Mean $\qquad mean(N_4) = 50.11$

Median $\qquad median(N_4) = 50.131$

Standard dev. $\quad SD4(N_4) = 12.676$

Variance $\qquad SD4(N_4)^2 = 160.679$

$Cvar4 := \dfrac{SD4(N_4)}{mean(N_4)} \quad Cvar4 = 0.253$

Variance $\qquad SD5(N_5)^2 = 38.311$

$Cvar5 := \dfrac{SD5(N_5)}{mean(N_5)}$

4- Construcción del Histograma de Frecuencias para cada variable.

| Para la 1ra Variable |

Nota: Se realiza para todas las variables, se ha tomado este ejemplo a modo ilustrativo

Frequency distribution:

$$\text{lower}_1 := \text{floor}(\text{min}(N_1))\qquad\qquad \text{upper}_1 := \text{ceil}(\text{max}(N_1))$$

$$h_1 := \frac{\text{upper}_1 - \text{lower}_1}{\text{bin}}\qquad\qquad j := 0..\,\text{bin}$$

$$\text{intl}_j := \text{lower}_1 + h_1 \cdot j$$

$$f_1 := \text{hist}(\text{intl}, N_1)\qquad\qquad \text{intl} := \text{intl} + 0.5 \cdot h_1$$

Normal fitting function: $\qquad F1(x) := n \cdot h_1 \cdot \text{dnorm}(x, \mu_1, \sigma_1)$

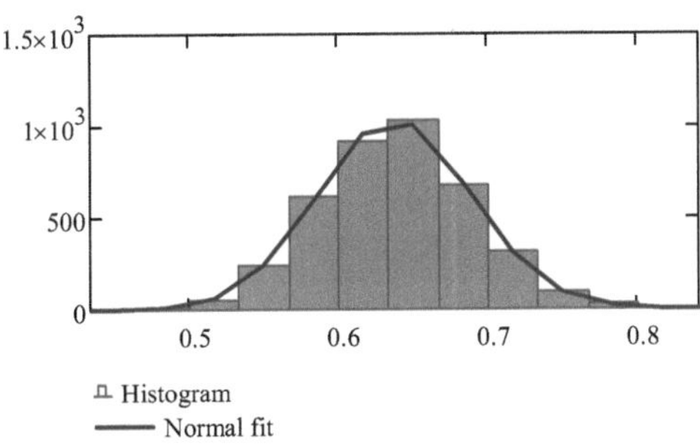

5- Permutaciones de las variables aleatorias generadas

Randomize the order of the elements in a data vector is as follow.

El vector to be randomized es:

$$V_1 := N_1$$

Click on the component above and expand it by dragging the handles to see the datamatrix used in this example.

Randomizing function:

$$\text{scramble}(V) := \text{csort}(\text{augment}(V, \text{runif}(\text{length}(V), 0, 1)), 1)^{\langle 0 \rangle}$$

S is the randomized result:

$$S_1 := \text{scramble}(V_1)$$

$V_1 =$

	0
0	0.604
1	0.633
2	0.599
3	0.658
4	0.623
5	0.589
6	0.585
7	0.625
8	0.655
9	0.604
10	0.587
11	0.619
12	0.572
13	0.64
14	0.66
15	...

$S_1 =$

	0
0	0.66
1	0.664
2	0.529
3	0.572
4	0.655
5	0.634
6	0.674
7	0.657
8	0.653
9	0.589
10	0.612
11	0.676
12	0.634
13	0.649
14	0.604
15	...

$$tg\phi := S_1$$

6-Prueba de Bondad de ajuste de los resultados a una distribución Normal

Este paso se realiza en el software SPSS.

7- Diseño Analítico de la Estructura (Cimiento corrido, Carga vertical centrada, Suelo Fi, b obtenida de diseño previo con valores medios de las variables)

Cantidad de Variables aleatorias $i := 0 .. n - 1$

Profundidad de Cimentacion. $d := 0$ m

Cohesión $C := 0$ Kpa

Peso especifico del suelo.	Tangente del Angulo de Friccion Interna del suelo.	Carga Muerta	Carga Viva	Carga Viento
17.54	0.66	104.777	25.912	25.126
17.459	0.664	102.268	76.36	21.642
18.436	0.529	101.44	53.313	17.145
19.165	0.572	80.09	58.266	10.33
19.31	0.655	96.151	40.105	27.144
18.834	0.634	88.856	54.889	24.739
15.978	0.674	114.19	40.541	19.055
17.241	0.657	85.429	41.678	23.813
18.688	0.653	92.819	56.799	24.998
19.285	0.589	102.713	47.249	12.938
16.895	0.612	93.848	53.263	16.946
17.038	0.676	118.217	25.853	14.789
17.486	0.634	99.341	35.699	20.07
18.466	0.649	126.113	29.628	25.709
19.382	0.604	106.007	44.713	23.245
...	...	...	...	...

$\gamma =$ $tg\phi =$ $Ncm =$ $Ncv =$ $Nw =$

Angulo de Friccion Interna del suelo.

$$\phi := atan(tg\phi) \cdot \frac{180}{\pi}$$

Dimensiones iniciales de la cimentacion.

Valor de b inicial $b := 0.69$

Valor Final $b := 1.37$ $l := 1$

*************************************Cálculos* ***************************************

$t\alpha := 1.64$

Cargas Actuantes Caracteríticas

Ncm	$Hcm := 0$	$Mcm := 0$
Ncv	$Hcv := 0$	$Mcv := 0$
Nw	$Hw := 0$	$Mw := 0$

$N := Ncm + Ncv + Nw$

$\underset{\sim}{H} := Hcm + Hcv + Hw$

$M := Mcm + Mcv + Mw$

Cargas actuantes llevadas a Medias

$Vcm := Cvar3 \qquad Vcv := Cvar4 \qquad Vcw := Cvar5$

$Nm := (1 - Vcm \cdot t\alpha)Ncm + (1 - Vcv \cdot t\alpha) \cdot Ncv + (1 - Vcw)$

$Hm := 0$

$Mm := 0$

Excentricidad media

$em := 0$

Determinación de los factores de Capacidad de Carga $\qquad i := 0..n-1$

$$Nq_i := \left[\tan\left[\left(45 + \frac{\phi_i}{2} \right) \cdot \frac{\pi}{180} \right] \right]^2 \cdot e^{\pi \cdot tg\phi_i} \qquad\qquad N\Gamma_i := 2 \cdot \left(Nq_i - 1 \right) \cdot tg\phi_i$$

$Nq_i =$

27.522
28.025
14.526
17.948
26.834
24.273
29.306
27.076
26.574
19.517
21.748
29.716
24.225
26.044
20.921
...

$N\Gamma_i =$

35.036
35.902
14.311
19.396
33.855
29.531
38.131
34.268
33.411
21.83
25.385
38.85
29.451
32.508
24.054
...

Determinación de los factores de influencia

Forma

$$S\Gamma := 1$$

$$Sq(tg\phi) := 1$$

$$Scm(tg\phi m) := 1$$

Inclinación de la carga

$$i\Gamma_i := \left[1 - 0.7 \cdot \cfrac{Hm}{Nm_i + (b - 2 \cdot em) \cdot 1 \cdot C \cdot \cfrac{1}{tg\phi_i}} \right]^5$$

Obtención de la qbr de cálculo

$$qbr_i := \left[\frac{(b - 2 \cdot em) \cdot \gamma_i}{2} \cdot N\Gamma_i \cdot S\Gamma \cdot i\Gamma_i \right]$$

$qbr_i =$

420.959
429.37
180.732
254.629
447.823
380.984
417.352
404.707
427.702
288.374
293.785
453.411
352.769
411.197
319.354
...

$$Qbt_i := (b - 2 \cdot em) \cdot 1 \cdot \left(\frac{qbr_i - \gamma_i \cdot d}{1} + \gamma_i \cdot d \right)$$

Verificando Condición de diseño de resistencia

$Qbt_i =$

	0
0	576.713
1	588.237
2	247.603
3	348.842
4	613.517
5	521.948
6	571.772
7	554.448
8	585.952
9	395.073
10	402.485
11	621.173
12	483.293
13	563.341
14	437.516
15	...

$qbr_i =$

	0
0	420.959
1	429.37
2	180.732
3	254.629
4	447.823
5	380.984
6	417.352
7	404.707
8	427.702
9	288.374
10	293.785
11	453.411
12	352.769
13	411.197
14	319.354
15	...

$Nm =$

	0
0	103.414
1	130.836
2	116.658
3	101.714
4	104.51
5	107.064
6	119.84
7	96.47
8	111.494
9	114.174
10	110.284
11	114.611
12	104.598
13	123.419
14	115.443
15	...

$$\text{condicion} := \begin{cases} \text{"cumple"} & \text{if } Qbt_i \geq Nm_i \\ \text{"no cumple"} & \text{otherwise} \end{cases}$$

$\text{condicion} =$

	0
0	"cumple"
1	"cumple"
2	"cumple"
3	"cumple"
4	"cumple"
5	"cumple"
6	"cumple"
7	"cumple"
8	"cumple"
9	"cumple"
10	"cumple"
11	"cumple"
12	"cumple"
13	"cumple"
14	"cumple"
15	...

Nota: Si no cumple se varían los parametros de entrad

8- Construcción del Histograma de Frecuencias y obtención de estadígrafos para las variables resultantes

- Para la Variable Resultante (Qbt)

Frequency distribution:

$$\text{lower} := \text{floor}(\min(Qbt)) \qquad \text{upper} := \text{ceil}(\max(Qbt))$$

$$h := \frac{\text{upper} - \text{lower}}{\text{bin}} \qquad j := 0..\,\text{bin}$$

$$\text{int}_j := \text{lower} + h \cdot j \qquad i := 1..n$$

$$\text{fqbt} := \text{hist}(\text{int}, Qbt) \qquad \text{int} := \text{int} + 0.5 \cdot h$$

Estadígrafos Fundamentales

Enter desired number of bins in the interval:

$$\text{bin} := 40$$

Size, mean, and standard deviation of the data:

Size $\qquad n := \text{length}(Qbt)$

Mean $\qquad m_S := \text{mean}(Qbt)$

SD $\qquad s_S := \text{stdev}(Qbt) \cdot \sqrt{\dfrac{n}{n-1}}$

Coef. Var. $\quad \upsilon qbt := \dfrac{s_S}{m_S} \qquad \upsilon qbt = 0.349$

$$\sigma qbt := s_S \qquad \mu qbt := m_S$$

Normal fitting function: $Fqbt(x) := n \cdot h \cdot \text{dnorm}(x, \mu qbt, \sigma qbt)$

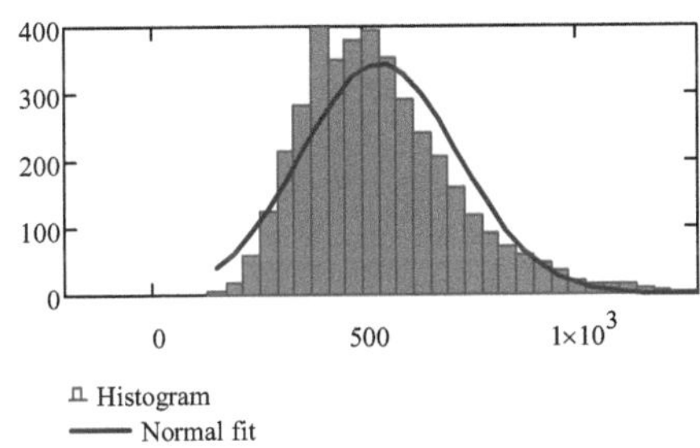

- Para la Variable Cargas.

Frequency distribution:

$\text{lower} := \text{floor}(\min(Nm))$ $\quad \text{upper} := \text{ceil}(\max(Nm))$

$h := \dfrac{\text{upper} - \text{lower}}{\text{bin}}$ $\qquad j := 0 .. \text{bin}$

$\text{int} := \text{lower} + h \cdot j$ $\qquad i := 1 .. n$

$fNm := \text{hist}(\text{int}, Nm)$ $\qquad \text{int} := \text{int} + 0.5 \cdot h$

Estadígrafos Fundamentales

Enter desired number of bins in the interval:

$\text{bin} := 40$

Size, mean, and standard deviation of the data

Size	$n := \text{length}(Nm)$
Mean	$m_s := \text{mean}(Nm)$
SD	$s_s := \text{stdev}(Nm) \cdot \sqrt{\dfrac{n}{n-1}}$
Coef. Var.	$\upsilon Nm := \dfrac{s_s}{m_s}$

$\sigma Nm := s_s \qquad \mu Nm := m_s$

Normal fitting function: $FNm(x) := n \cdot h \cdot \text{dnorm}(x, \mu Nm, \sigma Nm)$

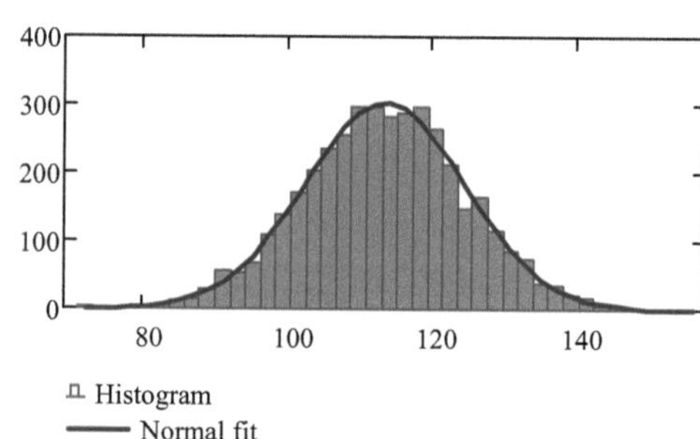

$n = 4 \times 10^3$

$m_s = 113.413$

$s_s = 11.095$

$\upsilon Nm = 0.098$

9-Prueba de Bondad de ajuste de para las variables resultantes

Este paso se realiza en el software SPSS.

10- Cálculo de la probabilidad de falla de la estructura

Las funiones de distribución son:

$$Fnqbt(x) := \frac{1}{\sigma qbt \cdot \sqrt{2 \cdot \pi}} \cdot e^{\frac{-1}{2} \cdot \frac{(x-\mu qbt)^2}{\sigma qbt^2}}$$

$$FnNm(x) := \frac{1}{\sigma Nm \cdot \sqrt{2 \cdot \pi}} \cdot e^{\frac{-1}{2} \cdot \frac{(x-\mu Nm)^2}{\sigma Nm^2}}$$

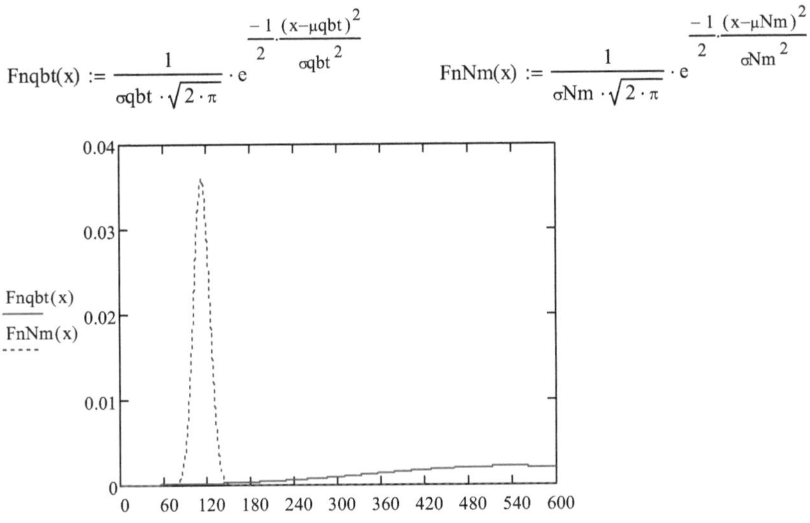

Calculando el punto de intersección:

$$f(x) := \frac{1}{\sigma qbt \cdot \sqrt{2 \cdot \pi}} \cdot e^{\frac{-1}{2} \cdot \frac{(x-\mu qbt)^2}{\sigma qbt^2}} - \frac{1}{\sigma Nm \cdot \sqrt{2 \cdot \pi}} \cdot e^{\frac{-1}{2} \cdot \frac{(x-\mu Nm)^2}{\sigma Nm^2}}$$

$x1 := 120$ **Este valor hay que suponerlo, teniendo en cuenta el gráfico**

$root(f(x1), x1) = 148.435$

$p := root(f(x1), x1)$

$$Pf := \int_{-\infty}^{p} Fnqbt(x)\, dx + \int_{p}^{\infty} FnNm(x)\, dx$$

$Pf = 0.02$

Anexo 5.

Metodología para la modelación estocástica con análisis de seguridad

CIDEM

Stochastic Modelling of Geotechnical Engineering Problems

1- Entrada de Datos.

The first step is to create a vector of random numbers from a normal distribution with a spec mean μ and standard deviation σ.

Entraremos primero el número de variables $nvar := 5$

$\qquad nv := 1 .. nvar$

Enter the number of random deviates: $n := 4000$

Enter the mean μ: $\phi := 32.5$ $\qquad tg\phi := \tan\left(\phi \cdot \dfrac{\pi}{180}\right)$

$\mu_{nv} :=$ $\qquad\qquad\qquad$ $Cv_{nv} :=$

$tg\phi$	$tg\phi$	rad.	0.08
γ	18	Kn/m2	0.05
Ncm	100	Kn	0.1
Ncv	50	Kn	0.25
Nw	20	Kn	0.31

Enter the standard deviation σ:

$$\sigma_{nv} := \mu_{nv} \cdot Cv_{nv}$$

$\sigma_{nv} =$

0.051
0.9
10
12.5
6.2

2- Generación aleatoria empleando Método de Monte Carlo (Distribución Normal)

Enter the number of bins for histogram: $\text{bin} := 30$

Vector of random deviates: $N_{nv} := \text{rnorm}\left(n, \mu_{nv}, \sigma_{nv}\right)$

$$N_1 = \begin{bmatrix} 0.6045 \\ 0.6332 \\ 0.5992 \\ 0.6578 \\ 0.6231 \\ 0.5887 \\ 0.5846 \\ 0.6253 \\ 0.6546 \\ 0.6038 \\ 0.5871 \\ 0.6194 \\ 0.5719 \\ 0.6404 \\ 0.6598 \\ \cdots \end{bmatrix} \quad N_2 = \begin{bmatrix} 17.661 \\ 18.554 \\ 16.189 \\ 17.904 \\ 19.244 \\ 17.679 \\ 19.522 \\ 17.938 \\ 18.096 \\ 17.296 \\ 17.116 \\ 18.83 \\ 16.734 \\ 17.816 \\ 17.044 \\ \cdots \end{bmatrix} \quad N_3 = \begin{bmatrix} 111.269 \\ 99.13 \\ 97.385 \\ 84.931 \\ 93.069 \\ 97.393 \\ 88.158 \\ 91.316 \\ 84.726 \\ 97.893 \\ 103.478 \\ 86.77 \\ 91.547 \\ 110.932 \\ 103.784 \\ \cdots \end{bmatrix} \quad N_4 = \begin{bmatrix} 37.749 \\ 38.373 \\ 50.597 \\ 66.993 \\ 35.851 \\ 37.78 \\ 40.823 \\ 44.269 \\ 38.225 \\ 47.807 \\ 78.738 \\ 37.098 \\ 60.198 \\ 65.851 \\ 41.491 \\ \cdots \end{bmatrix} \quad N_5 = \begin{bmatrix} 11.379 \\ 26.383 \\ 14.276 \\ 24.136 \\ 25.692 \\ 17.769 \\ 25.316 \\ 19.921 \\ 20.351 \\ 22.745 \\ 21.621 \\ 25.795 \\ 26.497 \\ 22.456 \\ 13.215 \\ \cdots \end{bmatrix}$$

3- Estadística descriptiva de los resultados de la generación aleatoria.

Para Fi

Number of data points:

$n1 := \text{length}(N_1) \qquad n1 = 4 \times 10^3$

$SD1(x) := \text{stdev}(x) \cdot \sqrt{\dfrac{n1}{n1 - 1}}$

Mean $\qquad \text{mean}(N_1) = 0.638$

Median $\qquad \text{median}(N_1) = 0.638$

Standard dev. $SD1(N_1) = 0.051$

Para Ganma

Number of data points:

$n2 := \text{length}(N_2) \qquad n2 = 4 \times 10^3$

$SD2(x) := \text{stdev}(x) \cdot \sqrt{\dfrac{n2}{n2 - 1}}$

Mean $\qquad \text{mean}(N_2) = 18.006$

Median $\qquad \text{median}(N_2) = 18.005$

Standard dev. $SD2(N_2) = 0.911$

Variance $\quad SD1\left(N_1\right)^2 = 2.583 \times 10^{-3}$

$$Cvar1 := \frac{SD1\left(N_1\right)}{mean\left(N_1\right)} \qquad Cvar1 = 0.08$$

Para Cm

Number of data points:

$$n3 := length\left(N_3\right) \qquad n3 = 4 \times 10^3$$

$$SD3(x) := stdev(x) \cdot \sqrt{\frac{n3}{n3-1}}$$

Mean $\qquad mean\left(N_3\right) = 99.8$

Median $\qquad median\left(N_3\right) = 99.772$

Standard dev. $\quad SD2\left(N_3\right) = 9.998$

Variance $\qquad SD2\left(N_3\right)^2 = 99.966$

$$Cvar3 := \frac{SD2\left(N_3\right)}{mean\left(N_3\right)} \qquad Cvar3 = 0.1$$

Variance $\quad SD2\left(N_2\right)^2 = 0.83$

$$Cvar2 := \frac{SD2\left(N_2\right)}{mean\left(N_2\right)} \qquad Cvar2 = 0.051$$

Para Cv

Number of data points:

$$n4 := length\left(N_4\right) \qquad n4 = 4 \times 10^3$$

$$SD4(x) := stdev(x) \cdot \sqrt{\frac{n4}{n4-1}}$$

Mean $\qquad mean\left(N_4\right) = 50.11$

Median $\qquad median\left(N_4\right) = 50.131$

Standard dev. $\quad SD4\left(N_4\right) = 12.676$

Variance $\qquad SD4\left(N_4\right)^2 = 160.679$

$$Cvar4 := \frac{SD4\left(N_4\right)}{mean\left(N_4\right)} \qquad Cvar4 = 0.253$$

Para Cw

Number of data points:

$$n5 := length\left(N_5\right)$$

$$SD5(x) := stdev(x) \cdot \sqrt{\frac{n5}{n5-1}}$$

Mean $\qquad mean\left(N_5\right) = 19.927$

Median $\qquad median\left(N_5\right) = 19.939$

Standard dev. $\quad SD4\left(N_5\right) = 6.19$

Variance $\qquad SD5\left(N_5\right)^2 = 38.311$

$$Cvar5 := \frac{SD5\left(N_5\right)}{mean\left(N_5\right)}$$

4- Construcción del Histograma de Frecuencias para cada variable.

Para la 1ra Variable	Nota: Se realiza para todas las variables, se ha tomado este ejemplo a modo ilustrativo

Frequency distribution:

$$lower_1 := floor(min(N_1)) \qquad\qquad upper_1 := ceil(max(N_1))$$

$$h_1 := \frac{upper_1 - lower_1}{bin} \qquad\qquad j := 0 .. bin$$

$$intl_j := lower_1 + h_1 \cdot j$$

$$f_1 := hist(intl, N_1) \qquad\qquad intl := intl + 0.5 \cdot h_1$$

Normal fitting function: $\qquad F1(x) := n \cdot h_1 \cdot dnorm(x, \mu_1, \sigma_1)$

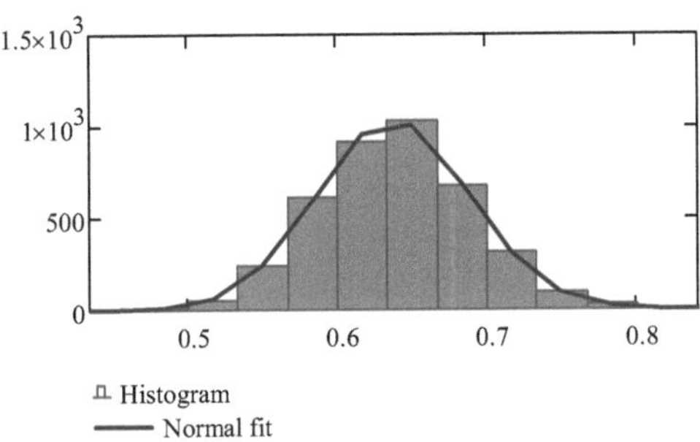

5- Permutaciones de las variables aleatorias generadas

Randomize the order of the elements in a data vector is as follow.

El vector to be randomized es:

$$V_1 := N_1$$

Click on the component above and expand it by dragging the
handles to see the datamatrix used in this example.

Randomizing function:

$$scramble(V) := csort(augment(V, runif(length(V), 0, 1)), 1)^{\langle 0 \rangle}$$

S is the randomized result:

$$S_1 := \text{scramble}(V_1)$$

$V_1 =$

	0
0	0.604
1	0.633
2	0.599
3	0.658
4	0.623
5	0.589
6	0.585
7	0.625
8	0.655
9	0.604
10	0.587
11	0.619
12	0.572
13	0.64
14	0.66
15	...

$S_1 =$

	0
0	0.66
1	0.664
2	0.529
3	0.572
4	0.655
5	0.634
6	0.674
7	0.657
8	0.653
9	0.589
10	0.612
11	0.676
12	0.634
13	0.649
14	0.604
15	...

$$tg_\phi := S_1$$

6-Prueba de Bondad de ajuste de los resultados a una distribución Normal

Este paso se realiza en el software SPSS.

7- Diseño de la estructura según la Teoría de la Seguridad.

Empleando los Coeficientes de Variación del análisis aleatorio

      1er Estado Limite. (Estabilidad)

Datos

1- Coeficiente de variacion de las cargas. $\quad Vcm := Cvar3 \qquad Vcv := Cvar4 \qquad Vcw := Cvar5$

2- Profundidad de Cimentacion. $\qquad d := 0$

3- Peso especifico del suelo. $\qquad Ganma := mean(\gamma)$

4- Coeficiente de Variación de γ. $\qquad Vg := Cvar2$

5- Ángulo de Fricción Interna del suelo. $\qquad \phi n := mean(\phi) \qquad\qquad tg\phi n := \tan\left(\phi n \cdot \frac{\pi}{180}\right)$

6- Coeficiente de Variación de $tg\phi$ $\qquad Vtg\phi := Cvar1$

7- t de Student para α=95 % y n=32. $\qquad t\alpha := 1.64$

8- Cargas Actuantes.

$\qquad N := mean(Nm) \qquad\qquad N = 113.413$

**************************** *Definición de funciones*******************************

Excentricidad

$en := 0$

Factores de Capacidad de Carga del suelo.

$$Nq(\phi n, tg\phi n) := \left[\tan\left[\left(45 + \frac{\phi n}{2} \right) \cdot \frac{\pi}{180} \right] \right]^2 \cdot e^{\pi \cdot tg\phi n}$$

$Nq(\phi n, tg\phi n) = 24.566$

$N\Gamma(\phi n, tg\phi n) := 2 \cdot (Nq(\phi n, tg\phi n) - 1) \cdot tg\phi n$

$N\Gamma(\phi n, tg\phi n) = 30.018$

Factores de Forma.

$S\Gamma := 1$

Factores de inclinación de la carga.

$i\Gamma := 1$

Análisis de las cargas

**************************** Calculos ********************************

$t\alpha := 1.64$

Cargas Actuantes Caracteríticas

Ncm	$Hcm := 0$	$Mcm := 0$
Ncv	$Hcv := 0$	$Mcv := 0$
Nw	$Hw := 0$	$Mw := 0$

$N := Ncm + Ncv + Nw$

$\underset{\sim}{H} := Hcm + Hcv + Hw$

$\underset{\sim}{M} := Mcm + Mcv + Mw$

Cargas actuantes llevadas a Medias

$Ncmm := (1 - Vcm \cdot t\alpha)Ncm$ $\qquad$ $Ncvm := (1 - Vcv \cdot t\alpha) \cdot Ncv$ $\qquad$ $Ncwm := (1 - Vcw) \cdot Nw$

Cálculo de las desviaciones de las cargas actuantes.

$CkNcp := mean(Ncmm)$ $\qquad$ $CkNct := mean(Ncvm)$ $\qquad$ $CkNv := mean(Ncwm)$

σ para las Cargas Verticales medias actuantes.

$\sigma cp := Vcm \cdot CkNcp$ $\qquad$ $\sigma ct := Vcv \cdot CkNct$ $\qquad$ $\sigma v := Vcw \cdot CkNv$

$\sigma cp = 8.356$ $\qquad$ $\sigma ct = 7.417$ $\qquad$ $\sigma v = 4.267$

Carga Vertical media actuante.

$$\sigma n := \sqrt{(Vcm \cdot CkNcp)^2 + (Vcv \cdot CkNct)^2 + (Vcw \cdot CkNv)^2}$$

$Nn := CkNcp + CkNct + CkNv$

$Nn = 126.461$

$\sigma n = 11.96$

σ para la Tangente del Ángulo de Fricción Interna.

$\sigma tg\phi := Vtg\phi \cdot tg\phi n$

$\sigma tg\phi = 0.051$

Ángulo de Fricción Interna medio

$\underset{\sim}{tg\phi n} := mean(tg\phi)$

$tg\phi n = 0.638$

σ para el Peso Especifico del suelo.

$\sigma g := Vg \cdot Ganma$

$\sigma g = 0.911$

Peso Especifico del suelo

$\underset{\sim}{Ganma} := mean(\gamma)$

σ para la Excentricidad.

$\sigma e := 0$

σ para la Inclinación de la Carga.

$\sigma tg\delta := 0$

Calculo de las derivadas

- Derivada de dNq/dtgϕ. $A := \tan\left(\phi n \cdot \dfrac{\pi}{180}\right)$

La derivada dNqdtgϕ**, es una expresión extremadamente extensa**

dNqdtgϕ = 118.615

- Derivada de dNΓ/dtgϕ

La derivada dNΓdtgϕ **, es una expresión extremadamente extensa**

dNΓdtgϕ = 198.225

- Derivada de δqbr/δtgϕ.

$$\delta qbr\delta tg\phi := (b - 2 \cdot en) \cdot 1 \cdot \left(\dfrac{b - 2 \cdot en}{2} \cdot Ganma \cdot dN\Gamma dtg\phi \cdot S\Gamma\right)$$

$\delta qbr\delta tg\phi = 2.731 \times 10^{3}$

- Derivada de δqbr/δG

$$\delta qbr\delta G := (b - 2 \cdot en) \cdot 1 \cdot \left(\dfrac{b - 2 \cdot en}{2} \cdot N\Gamma(\phi n, tg\phi n) \cdot S\Gamma\right)$$

$\delta qbr\delta G = 23.097$

- Derivada de $\delta qbr/\delta e$.

$$\delta qbr\delta e := (-2 \cdot I) \cdot [(b - 2 \cdot en) \cdot Ganma \cdot N\Gamma(\phi n, tg\phi n) \cdot S\Gamma]$$

$$\delta qbr\delta e = -1.345 \times 10^3$$

************** Calculo de $\sigma y1$ *************

$$\sigma y1 := \sigma n \qquad\qquad \sigma y1 = 11.96$$

************** Calculo de Y1 **************

$$y1 := Nn$$

$$Vy1 := \frac{\sigma y1}{y1} \qquad\qquad Vy1 = 0.095$$

$$\sigma tg\phi = 0.0507$$

************** Calculo de $\sigma y2$ **************

$$\sigma tg\phi^2 = 2.574 \times 10^{-3}$$

$$\sigma y2 := \sqrt{\delta qbr\delta tg\phi^2 \cdot \sigma tg\phi^2 + \delta qbr\delta G^2 \cdot \sigma g^2}$$

$$\sigma y2 = 140.132$$

************** Calculo de Y2 ***************

$$y2 := \left[\frac{(b - 2 \cdot en) \cdot Ganma}{2} \cdot N\Gamma(\phi n, tg\phi n) \cdot S\Gamma \right] \cdot (b - 2 \cdot en) \cdot 1$$

$$y2 = 415.884 \qquad\qquad (b - 2 \cdot en) \cdot 1 = 1.237$$

$$Vy2 := \frac{\sigma y2}{y2} \qquad\qquad Vy2 = 0.337$$

************* Cálculo de K de diseño *************

$$k := \frac{y2}{y1} \qquad\qquad k = 3.29$$

Nota: Si el Kopt que se calcula mas adelante
no da igual al k de diseño, entonces se debe
crear un ciclo, variando b, hasta que sean iguales
y este es el verdadero diseño.

8- Cálculo de la probabilidad de falla de la estructura

$$\text{Kdiseño} := k$$

$$x := \frac{\text{Kdiseño} - 1}{\sqrt{Vy2^2 \cdot (\text{Kdiseño})^2 + Vy1^2}}$$

$$HS := \frac{1}{2} + \frac{1}{\sqrt{2 \cdot \pi}} \cdot \int_0^x \exp\left[\frac{-\left(z^2\right)}{2}\right] dz$$

$$HS = 0.9801991137413618$$

$$Pf := 1 - HS$$

$$Pf = 0.02$$

9- Determinación del Kóptimo.

$$i := 0..800$$

$$\text{vec(low, upp, incr)} := \left|\begin{array}{l} \text{ind} \leftarrow 0 \\ \text{for } i \in \text{low, low} + \text{incr}..\text{upp} \\ \qquad \left|\begin{array}{l} v_{\text{ind}} \leftarrow i \\ \text{ind} \leftarrow \text{ind} + 1 \end{array}\right. \\ v \end{array}\right.$$

$\underset{\sim}{K} := \text{vec}(1, 9, 0.01)$ $\boxed{\textit{Llenando el Vector K}}$

$$K = \begin{array}{|c|c|} \hline & 0 \\ \hline 0 & 1 \\ \hline 1 & 1.01 \\ \hline 2 & 1.02 \\ \hline 3 & 1.03 \\ \hline 4 & 1.04 \\ \hline 5 & 1.05 \\ \hline 6 & 1.06 \\ \hline 7 & 1.07 \\ \hline 8 & 1.08 \\ \hline 9 & 1.09 \\ \hline 10 & 1.1 \\ \hline 11 & 1.11 \\ \hline 12 & 1.12 \\ \hline 13 & 1.13 \\ \hline 14 & 1.14 \\ \hline 15 & \ldots \\ \hline \end{array}$$

$$\underset{\sim}{x_i} := \frac{K_i - 1}{\sqrt{Vy2^2 \cdot (K_i)^2 + Vy1^2}}$$

$$\underset{\sim}{HS_i} := \frac{1}{2} + \frac{1}{\sqrt{2 \cdot \pi}} \cdot \int_0^{x_i} \exp\left[\frac{-\left(z^2\right)}{2}\right] dz$$

$x_i =$

	0
0	0
1	0.028
2	0.056
3	0.083
4	0.11
5	0.137
6	0.162
7	0.188
8	0.213
9	0.237
10	0.261
11	0.285
12	0.308
13	0.331
14	0.354
15	...

$HS_i =$

	0
0	0.5
1	0.51129
2	0.52237
3	0.53323
4	0.54388
5	0.5543
6	0.5645
7	0.57448
8	0.58425
9	0.59379
10	0.60312
11	0.61223
12	0.62113
13	0.62981
14	0.63829
15	...

$$t := \begin{array}{|l} i \leftarrow 0 \\ \text{while } HS_i < 0.98 \\ \quad i \leftarrow i + 1 \\ i \end{array}$$

$t = 228$

$Kopt := K_t$

$\boxed{Kopt = 3.29}$

Anexo 6.

Análisis comparativo de los resultados de la qbr obtenida analíticamente y la qbr obtenida mediante el empleo del M.E.F.

⇨ **Para suelos puramente Cohesivos**

Valor medio de qbr (kN/m^2)	Valor medio de qbrMEF	n
301,57	296,85	10
311,33	309,40	100
313,29	309,58	500
310,64	309,17	1000
309,43	309,27	2000
309,64	309,55	3000
309,24	309,19	4000

Desviación estándar de qbr	Desviación estándar de qbrMEF	n
40,43027015	31,09681541	10
42,60099652	40,8956205	100
43,96187844	42,80900692	500
42,84333105	43,4697935	1000
42,66739393	42,69787481	2000
42,78577407	42,56514147	3000
42,44281304	42,44041477	4000

Coeficiente de variación de qbr	Coeficiente de variación de qbrMEF	n
0,134064153	0,10475425	10
0,136834523	0,132177718	100
0,140325039	0,138281801	500
0,137921035	0,140602625	1000
0,137890062	0,138059145	2000
0,138178841	0,137192566	3000
0,137248369	0,13726422	4000

⇨ **Para suelos puramente Friccionales**

Valor medio de qbr (kN/m^2)	Valor medio de qbrMEF	n
179,28	179,29	10
181,95	185,41	100
183,61	182,57	500
182,55	183,50	1000
182,06	182,99	2000
182,33	182,67	3000
182,11	182,63	4000

Desviación estándar de qbr	Desviación estándar de qbrMEF	n
16,68354984	25,05596685	10
22,91711005	24,30012089	100
24,62697654	23,99096328	500
23,88746906	23,66046348	1000
23,62826958	23,54956939	2000
23,39748425	23,31346599	3000
23,66080309	23,18498259	4000

Coeficiente de variación de qbr	Coeficiente de variación de qbrMEF	n
0,093058383	0,139751335	10
0,125953781	0,131059544	100
0,13412571	0,131405564	500
0,130857769	0,128936995	1000
0,129786287	0,128690032	2000
0,128323217	0,127628104	3000
0,127926621	0,126950527	4000

MIX
Papier aus verantwortungsvollen Quellen
Paper from responsible sources
FSC® C105338
FSC
www.fsc.org

Printed by Books on Demand GmbH, Norderstedt / Germany